Dimérisation de l'ARN génomique du virus de la leucose aviaire

Moez Ben Ali

Dimérisation de l'ARN génomique du virus de la leucose aviaire

Dimérisation de l'ARN viral: exemple virus de leucose aviaire

Presses Académiques Francophones

Impressum / Mentions légales

Bibliografische Information der Deutschen Nationalbibliothek: Die Deutsche Nationalbibliothek verzeichnet diese Publikation in der Deutschen Nationalbibliografie; detaillierte bibliografische Daten sind im Internet über http://dnb.d-nb.de abrufbar.
Alle in diesem Buch genannten Marken und Produktnamen unterliegen warenzeichen-, marken- oder patentrechtlichem Schutz bzw. sind Warenzeichen oder eingetragene Warenzeichen der jeweiligen Inhaber. Die Wiedergabe von Marken, Produktnamen, Gebrauchsnamen, Handelsnamen, Warenbezeichnungen u.s.w. in diesem Werk berechtigt auch ohne besondere Kennzeichnung nicht zu der Annahme, dass solche Namen im Sinne der Warenzeichen- und Markenschutzgesetzgebung als frei zu betrachten wären und daher von jedermann benutzt werden dürften.

Information bibliographique publiée par la Deutsche Nationalbibliothek: La Deutsche Nationalbibliothek inscrit cette publication à la Deutsche Nationalbibliografie; des données bibliographiques détaillées sont disponibles sur internet à l'adresse http://dnb.d-nb.de.
Toutes marques et noms de produits mentionnés dans ce livre demeurent sous la protection des marques, des marques déposées et des brevets, et sont des marques ou des marques déposées de leurs détenteurs respectifs. L'utilisation des marques, noms de produits, noms communs, noms commerciaux, descriptions de produits, etc, même sans qu'ils soient mentionnés de façon particulière dans ce livre ne signifie en aucune façon que ces noms peuvent être utilisés sans restriction à l'égard de la législation pour la protection des marques et des marques déposées et pourraient donc être utilisés par quiconque.

Coverbild / Photo de couverture: www.ingimage.com

Verlag / Editeur:
Presses Académiques Francophones
ist ein Imprint der / est une marque déposée de
OmniScriptum GmbH & Co. KG
Heinrich-Böcking-Str. 6-8, 66121 Saarbrücken, Deutschland / Allemagne
Email: info@presses-academiques.com

Herstellung: siehe letzte Seite /
Impression: voir la dernière page
ISBN: 978-3-8416-2798-8

UNIVERSITÉ PARIS XI
FACULTÉ DE MÉDECINE PARIS-SUD

Année 2007

THESE

Pour obtenir le grade de

DOCTEUR DE L'UNIVERSITÉ PARIS XI

Spécialité : Cancérologie

Présentée et soutenue publiquement

Par

Moez BEN ALI

Le 10 octobre 2007

Titre :

Rôles du domaine L3 et de la protéine de nucléocapside dans la dimérisation de l'ARN génomique du virus de la leucose aviaire

---

Directeur de thèse : Dr. Philippe FOSSÉ

JURY

M. le Pr. Jacques PAOLETTI	Président
M. le Dr. Eric LE CAM	Rapporteur
Mme le Dr. Marylène MOUGEL	Rapporteur
M. le Dr. Matteo NEGRONI	Examinateur
M. le Dr. Philippe FOSSÉ	Examinateur

A celui qui n'a jamais cessé de me soutenir, m'assister et m'encourager, à celui qui a sacrifié beaucoup pour favoriser ma réussite : mon très cher "PAPA" : merci, et que dieu te garde et te procure santé et bonheur.

A celle qui m'a procuré beaucoup d'amour et de tendresse, à celle à qui je dois la patience et le sacrifice qu'elle a consenti pour moi et dont je serai à jamais redevable : à ma très chère "MAMAN".

A mon très cher fils "MOUHANED". Je ne suis pas assez fort en Français pour pouvoir exprimer mes sentiments envers toi. Sache que tu es pour moi l'être le plus cher au monde, ce travail sera peut être tout ton héritage où ton seul souvenir de moi. Je te souhaite santé, prospérité et succès dans tout ce que tu entreprendras et je souhaite de tout mon cœur te voir un jour réussir là où j'ai échoué et que tu feras beaucoup plus que ce que j'ai fait dans les sciences.

A ma très chère SAMYA pour ta complicité et ton inconditionnel soutien. En témoignage de mon profond amour, de mon estime et de mon admiration, je te dédie ce travail en te souhaitant santé, bonheur, et réussite.

A mes chers frères et soeur: MAHER, WALID, HOUSSEM et ASMA.

A tous les membres de ma deuxième famille au Maroc, en témoignage de mon estime et respect.

A mes très chers amis et cousins, KHEMAIES, DALI, BESSAM, WISSEM, AKRAM, LOTFI, SAMI, SAHBI, MONCEF, FAWZI.

A mes très chers professeurs, Hamadi BOUSETTA, Youssef GARGOURI, Ali GARGOURI, Nagi GHARSALLAH, Emna AMMAR.

Je vous dédie cette thèse en témoignage de ma profonde affection et mon attachement.

Remerciements

Le présent travail a été réalisé au sein du Laboratoire de Biotechnologies et de Pharmacologie génétique Appliquée (LBPA). Je remercie Mr le professeur Christian AUCLAIR qui m'a accepté au sein de son laboratoire.

J'exprime mes reconnaissances particulières et ma profonde gratitude à Philippe FOSSÉ qui m'a fait l'honneur de diriger ce travail de thèse et me faire bénéficier de ces hautes compétences scientifiques.

Je remercie Monsieur le professeur Jacques PAOLETTI qui m'a fait l'honneur de présider mon jury de thèse.

J'adresse également tous mes remerciements au docteur Marylène MOUGEL et au docteur Eric LECAM pour avoir accepté la charge d'être mes rapporteurs pour cette thèse.

Je tiens à exprimer mes sincères remerciements à Madame Marylène MOUGEL pour ses commentaires qui m'ont permis d'améliorer ce manuscrit.

Je remercie également le docteur Matteo NEGRONI d'avoir accepté d'analyser mon travail de thèse et de faire partie de mon jury en tant qu'examinateur.

Je tiens vivement à remercier Françoise CHAMINADE, pour son aide, ses conseils, sa gentillesse et ses maintes qualités humaines.

Mes remerciements vont également à Igor KANEVSKY et à tous les membres du LBPA.

J'adresse des vifs remerciements à l'ensemble des étudiants stagiaires qui sont passés par le labo pendant ma thèse et surtout a Mohamed ZERARKA qui est devenu l'un de mes meilleurs amis.

J'ai une attention toute particulière pour le docteur Pascal RIGOLET pour sa gentillesse, son aide et ses maintes qualités humaines.

Enfin je ne peux pas passer sous silence l'aide que j'ai rencontrée auprès de Muriel NICOLETTI secrétaire de l'école doctorale de cancérologie.

ABREVIATIONS

ALV	virus de la leucose aviaire
ASLV	virus des sarcomes et leucoses aviaires
BET	bromure d'éthidium
BLV	virus de la leucémie bovine
CA	protéine de capside
DIS	site d'initiation de la dimérisation du VIH-1
DLS	structure de liaison des dimères
DR	répétition direct
Env	précurseur protéique de l'enveloppe
FeLV	virus de la leucémie féline
Gag	groupe d'antigènes spécifiques
HTLV	virus de la leucémie humaine à cellule T
IN	intégrase
IRES	site d'entrée interne du ribosome
LB	milieu de Luria Bertani
LTR	longue séquence terminale répétée
MA	protéine de matrice
MLV	virus de la leucémie murine
MMTV	virus de la tumeur mammaire de souris
Mo-MuLV	virus de la leucémie murine de Moloney
MHR	région majeure d'homologie
NC	protéine de nucléocapside
nt	nucléotide
NRS	élément de régulation négative d'épissage
PBS	site de fixation de l'amorce
PPT	suite de purines
PR	protéase
RER	réticulum endoplasmique réticulé
RMN	résonance magnétique nucléaire

RSV	virus du sarcome de Rous
RT	transcriptase inverse
SA	site accepteur d'épissage
SD	site donneur d'épissage
SDS	dodécyl sulfate de sodium
SIDA	syndrome de l'immunodéficience acquise
SIV	virus de l'immunodéficience simienne
SSV	virus du sarcome simien
SU	sous-unité extracellulaire de l'enveloppe
TAR	élément de trans-activation
TM	sous-unité transmembranaire de l'enveloppe
VIH	virus de l'immunodéficience humaine
XMRV	virus xenotrope relié à la leucémie murine

AVANT-PROPOS

La leucose aviaire est une forme de leucémie chez les poulets. Les travaux de Ellerman et Bang publiés en 1908 (94) furent les premiers à suggérer que la leucose aviaire est provoquée par un virus qui a été nommé ultérieurement virus de la leucose aviaire (ALV). En 1911, Rous montra que des extraits acellulaires de tumeurs de poulets peuvent induire l'apparition de nouvelles tumeurs quand ils sont injectés à des poulets sains (273). Plus tard, il a été réalisé que Rous avait découvert un virus tumorigène nommé virus du sarcome de Rous (RSV). L'inoculation du RSV à des poussins conduit dans 100 % des cas à un fibrosarcome. Ainsi il est possible de reproduire le processus de formation d'une tumeur à partir d'un agent identifié : le virus. Actuellement, les rétrovirus aviaires du type d'ALV sont responsables des nombreux dégats sanitaires et économiques en touchant des élevages destinés à l'alimentation humaine. Le pouvoir d'infection élevé et la propagation rapide de ces rétrovirus a provoqué à plusieurs reprises des épidémies dont les conséquences ont été lourdes économiquement. Deux décennies après la découverte des rétrovirus aviaires, John Bittner découvrit le premier virus tumorigène de mammifère (38), il s'agit du MMTV ("Mouse Mammary Tumor Virus"). Par la suite d'autres rétrovirus associés à différentes formes de cancers furent découverts, tels que le virus du sarcome simien (SSV) en 1971, les virus de la leucémie féline (FeLV) et bovine (BLV) respectivement en 1964 et 1972 et la liste ne cesse d'augmenter. Le premier rétrovirus humain causant une leucémie fût isolé en 1980 et nommé HTLV-I ("Human T-cell Leukemia Virus I"). Quelques années plus tard, le virus de l'immunodéficience humaine de type 1 (VIH-1) a été identifié comme responsable de la pandémie de SIDA. La recherche des rétrovirus humains liés à des pathologies cancéreuses est encore un sujet d'actualité. Une étude récente vient de montrer qu'un rétrovirus lié aux virus de la leucémie murine (MLV) et nommé " Xenotropic murine leukemia virus related virus" (XMRV), est associé au cancer de la prostate chez l'homme (88). Les rétrovirus peuvent donc être responsables de pathologies graves comme le cancer et le SIDA. Les rétrovirus présentent néanmoins l'avantage d'être utilisés comme vecteurs dans le cadre d'une thérapie génique ou anticancéreuse.

Par conséquent, une connaissance approfondie du cycle rétroviral doit avoir des retombées dans le domaine médical. A ce jour, les multi-thérapies utilisées contre le VIH, permettent une prolongation significative de la durée de vie des patients. Il apparaît cependant essentiel d'identifier de nouvelles cibles pour lutter plus efficacement contre le virus car les multi-thérapies se heurtent à la capacité de muter du VIH qui acquiert ainsi des résistances aux différents agents pharmacologiques dirigés contre lui. La nature diploïde du génome rétroviral permet l'acquisition rapide de mutations par recombinaison (192). Le génome diploïde des rétrovirus est constitué d'un homodimère d'ARN génomique dont les sous unités sont liées principalement par les extrémités 5'-terminales qui possèdent un signal de dimérisation. La protéine de nucléocapside, codée par le génome rétroviral, joue un rôle important dans la dimérisation de l'ARN génomique. A l'exception de dimères d'ARN du VIH-1, les structures de dimères d'ARN générés par les protéines de nucléocapside d'autres rétrovirus ne sont pas connues.

Les travaux antérieurs de mon équipe d'accueil réalisés *in vitro* en l'absence de protéines, suggèrent qu'une structure formant une longue tige-boucle, joue un rôle essentiel dans la dimérisation de l'ARN génomique d'ALV. Au cours de ma thèse, j'ai étudié *in vitro* l'implication de cette tige-boucle dans la formation des dimères d'ARN générés par la protéine de nucléocapside d'ALV. L'introduction à mon travail de thèse a pour but principal de présenter les rôles structurels et fonctionnels du génome rétroviral et de la protéine de nucléocapside.

INTRODUCTION

1) Les alpharétrovirus

1.1) Généralités

Les rétrovirus, comme tous les virus sont des parasites dépourvus de l'information génétique codant pour les enzymes du métabolisme intermédiaire et ne peuvent donc se répliquer qu'à l'intérieur de cellules vivantes. Ce sont des entités biologiques constituées d'un complexe nucléoprotéique composé d'acide nucléique lié à des protéines. Les virus sont classés en familles sur la base de plusieurs critères : (i) la présence ou l'absence d'une enveloppe, (ii) la nature de l'acide nucléique (ADN ou ARN) et enfin la taille du virus (105).

Les rétrovirus infectent principalement les vertébrés et appartiennent à la famille des *Retroviridae*. En outre, sur la base de critères de pathogénicité les rétrovirus ont été classés en deux sous-familles qui peuvent être divisées en différents groupes en fonction de leurs morphologies et de leurs caractéristiques biologiques et biochimiques (Tableau 1).

Famille	Sous-famille	Groupes
Retroviridae	*Orthoretrovirinae*	Alpharétrovirus
		Betarétrovirus
		Gammarétrovirus
		Deltarétrovirus
		Epsilonrétrovirus
		Lentivirus
	Spumaretrovirinae	Spumavirus

Tableau 1. Classification des rétrovirus

La plupart des rétrovirus sont exogènes et leur transmission est réalisée par contagion entre individus distincts. D'autres, dits endogènes, sont intégrés au génome de l'hôte et sont transmis héréditairement. Bien qu'ils soient capables d'infecter des cellules hôtes animales différentes et de provoquer des pathologies diverses, tous les rétrovirus possèdent des caractéristiques structurales et fonctionnelles communes qui permettent de les regrouper dans une même famille :

- L'information génétique est portée par un ARN simple-brin. Le terme rétrovirus provient du fait que leur cycle de réplication impose un passage du génome ARN par une forme ADN, *rétro-* se réfère ainsi à la direction inhabituelle ARN vers ADN. Ce passage s'effectue grâce à la transcriptase inverse (RT), une enzyme rétrovirale qui est une ADN polymérase ARN et ADN dépendante (15,306). L'ADN est ensuite intégré dans le génome de l'hôte pour servir de matrice à la synthèse de nouveaux ARN viraux, destinés soit à être traduits pour synthétiser des protéines virales, soit à être encapsidés et servir de support génétique du prochain virion.

- Le génome est toujours diploïde, constitué de deux molécules homologues d'ARN génomique.

- Le diamètre de la particule virale varie entre 80 et 130 nm.

Les rétrovirus ont été aussi classés en deux catégories selon l'organisation de leur génome : les rétrovirus simples et les rétrovirus complexes. Les rétrovirus simples ont été définis comme des virus où un seul épissage a lieu à partir d'un ARN génomique conduisant à la synthèse de l'ARNm env. A l'opposé, les rétrovirus complexes sont caractérisés par la production de plusieurs ARNm (265). Ces ARN épissés codent pour des protéines accessoires qui régulent et coordonnent l'expression des gènes viraux, l'assemblage des virions et l'adaptation de du virus à son hôte. Recément, K. L. Beemon a défini les rétrovirus complexes comme étant des virus codant des protéines accessoires qui activent le transport des ARN non épissés, et les rétrovirus simples comme ceux utilisant des séquences en cis pour interagir avec les facteurs cellulaires qui permettent le transport des ARNm épissés (323).

Les alpharétrovirus, nommés aussi ASLV ("Avian Sarcoma Leukosis Viruses") appartiennent à la sous-famille des *orthoretrovirinae* (Tableau 1). Ces rétrovirus peuvent induire divers types de tumeurs chez les oiseaux. Ils sont associés au développement de sarcomes (tumeurs des tissus conjonctifs) (259), de carcinomes (tumeurs des tissus épithéliaux) (240), de lymphome et de leucémies (232,258). Le virus du sarcome de Rous (RSV) et le virus de la leucose aviaire (ALV) sont deux représentants des alpharétrovirus qui ont été particulièrement étudiés. Dans le cas du RSV, l'oncogenèse est rapide et RSV est qualifié d'un tumorigène rapide. L'effet tumorigène est dû au puissant oncogène transformant viral, v-src qui provient de la transduction de l'oncogène cellulaire c-src (245). La transduction d'oncogène, c'est-à-dire la capture d'un proto-oncogène par un rétrovirus est constituée de plusieurs étapes qui seraient les suivantes : Au cours d'une première infection, le virus s'intégre en amont d'un proto-oncogène et conduit après transcription à la formation d'un ARNm chimérique virus-onc. Celui-ci résulte d'un épissage alternatif entre un site d'épissage donneur présent dans le génome viral et un site d'épissage accepteur, localisé au niveau du proto-oncogène. La chimère virus-onc est co-encapsidée avec un ARN viral dans une nouvelle particule virale. La co-encapsidation pourrait être liée à la formation d'un hétérodimère entre l'ARN viral et l'ARN chimérique. La particule infecte une nouvelle cellule cible et lors de la transcription inverse, par un mécanisme de recombinaison non homologue, l'ARN virus-onc acquiert le LTR 3'. Le gène capturé subit des modifications qui conduisent à une protéine tronquée et/ou mutée. L'oncogène v-src présente plusieurs modifications par rapport à son homologue c-src. Une des modifications principales de v-src est la perte d'une partie du domaine C-terminal qui est remplacée par une série d'acides aminés. Cette délétion est responsable du pouvoir transformant de la protéine v-src. La région C-terminale contient la tyrosine 527 responsable de la forme inactive de la protéine Src. La protéine v-Src déprouvue de la tyrosine 527 présente donc une activité anormale (110). Dans le cas d'ALV, l'oncogénèse est lente car ce virus est déprouvu de séquence v-onc et l'apparition d'une tumeur nécessite un mécanisme de mutagenèse insertionnelle qui active un proto-oncogène (141). Cette activation peut avoir lieu après plusieurs cycles de réplication. De plus, la formation d'une tumeur implique généralement la coopération de plusieurs gènes et plusieurs événements de mutagenèse insertionnelle sont donc nécessaires à l'acquisition d'un phénotype transformant par la cellule cible.

1.2) Organisation structurale et génétique des alpharétrovirus

1.2.1) Architecture de la particule virale

Comme tous les rétrovirus, les *alpharétrovirus* sont des virus enveloppés dont l'enveloppe externe est composée d'une bicouche lipidique. Celle-ci est issue de la membrane plasmique de la cellule infectée et est enrichie en protéine virale d'enveloppe (Figure 1). Cette protéine est un hétérodimère composé d'une protéine de surface (SU) associée par un pont disulfure à une protéine d'ancrage transmembranaire (TM). La partie interne du virus forme une coque appelée capside constituée par l'auto-assemblage de protéines de capside (CA). Cette capside contient le génome diploïde du virus constitué de deux molécules d'ARN en étroite association avec les protéines de nucléocapside (NC) et les enzymes virales (la protéase, la transcriptase inverse et l'intégrase). La capside contient également des ARNm, ARNt et des protéines de la cellule hôte. La matrice est principalement constituée de protéines de matrice (MA) et est située entre l'enveloppe et la capside.

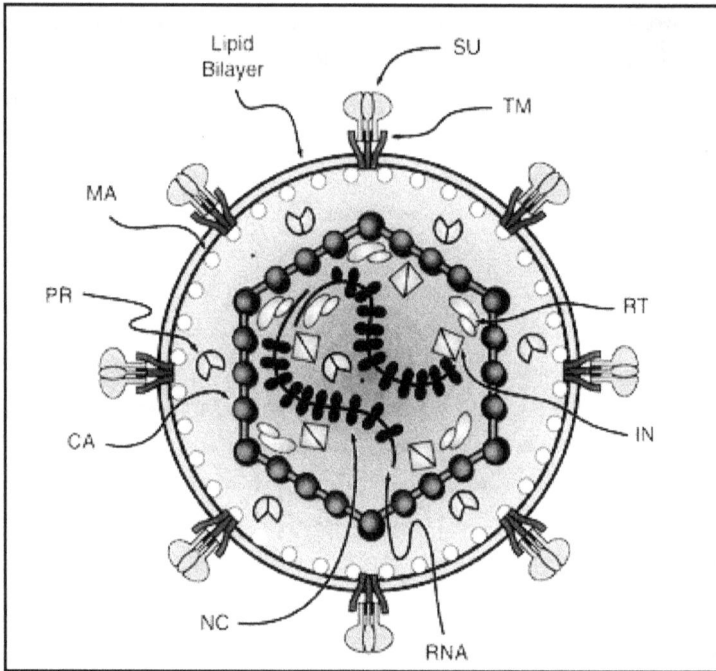

Figure 1. Illustration schématique d'une particule rétrovirale (314). Matrice, MA ; Capside, CA ; NC, protéine de nucléocapside ; IN, intégrase ; PR, protéase ; RT, transcriptase inverse ; SU protéine de surface ; TM, protéine transmembranaire.

1.2.2) Organisation du génome

Le génome des *alpharétrovirus* représente 2% de la masse totale du virion, il est composé de deux brins d'ARN 35S positifs identiques dotés d'une coiffe en 5' et terminés par une queue de polyadénylation en 3'. Le monomère a une longueur de 7286 nucléotides chez ALV, souche

RSA (35) et de 9,3 kb chez RSV, souche Pr-C (280). Le génome est constitué par des régions terminales non codantes nécessaires à la réplication virale et par des régions internes qui codent pour les enzymes et les protéines de structure virales (Figure 2).

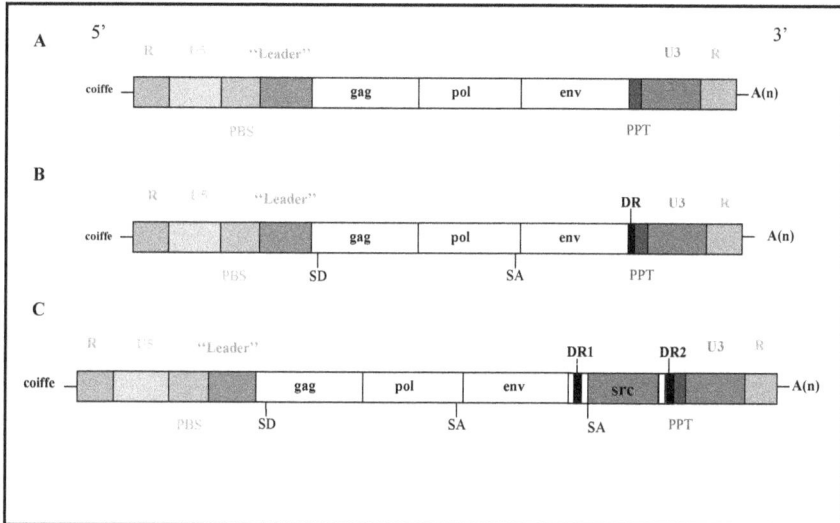

Figure 2. Organisation génétique. A) Commune aux rétrovirus. B) ALV. C) RSV

1.2.2.1) Séquences non codantes

Les séquences non codantes sont situées dans les régions terminales qui sont arrangées dans le même ordre chez tous les rétrovirus, mais elles sont différentes par leur taille, leur structure et certaines de leurs caractéristiques (57). Les régions non codantes contiennent (Figure 2) :

- *La coiffe*

Formée d'une guanosine méthylée m7G5'ppp5' qui est placée à l'extrémité 5' de l'ARN génomique par la machinerie cellulaire de transcription. Cette coiffe est nécessaire à la fixation des ribosomes et elle semble importante pour l'épissage et la traduction des molécules d'ARN viral qui servent de messager (59).

- La queue poly(A)

Formée d'environ 200 adénines situées à l'extrémité 3', cette polyadénylation est typique des ARNm eucaryotes. Dans le cas de l'ARN rétroviral, cette modification est liée au fait que l'ARN viral subit le même processus de maturation que les ARN cellulaires, plutôt qu'à une fonction précise dans la réplication du rétrovirus (315).

- La séquence R (Répétée)

Présente aux deux extrémités, très conservée chez tous les rétrovirus, mais sa taille varie de 15 à 247 nucléotides suivant les rétrovirus (69). Elle est de vingt et un nucléotides chez les alpharétrovirus. Elle joue un rôle essentiel dans la stratégie réplicative du rétrovirus, plus précisément elle participe à la transcription inverse en permettant le premier transfert de brin.

- La séquence U5

Séquence unique située à l'extrémité 5' de l'ARN génomique, juste après la séquence R. Cette séquence est très conservée chez les rétrovirus et sa taille varie de 80 à 240 nucléotides (315). Chez les alpharétrovirus elle est constituée de quatre vingt nucléotides (positions 22-101). C'est la première région qui sera copiée en ADN lors de la transcription inverse et elle contient un des sites nécessaires au processus d'intégration de l'ADN viral.

- La séquence PBS ("Primer Binding Site")

C'est une séquence de 18 nucléotides (positions 102-119) sur laquelle s'hybride une molécule d'ARNt cellulaire par sa partie 3' terminale pour initier le démarrage de la transcription inverse (315). La nature de l'amorce ARNt est différente selon les rétrovirus. C'est l'ARNt^{Trp} qui sert d'amorce chez les alpharétrovirus.

- La région L ("Leader")

Cette région est comprise entre le PBS et le gène *gag* et comprend au moins une partie du signal d'encapsidation de l'ARN génomique. La région L comprend aussi le site donneur d'épissage.

- La séquence 3'PPT ("PolyPurine Tract")

Séquence très riche en purines qui est située à proximité de l'extrémité 3' du génome, en amont de U3. Elle est composée de 9 nucléotides chez ALV (positions 7030-7038). Elle sert d'amorce à la synthèse du brin (+) de l'ADN proviral (315).

- La séquence U3

Séquence unique en 3' et de longueur variable qui est située entre le 3'PPT et la séquence R. Sa longueur est de 230 nucléotides chez ALV (positions 7039-7268). U3 contient les éléments promoteurs et régulateurs de la transcription des ARNs viraux. Elle possède en effet le promoteur reconnu par l'ARN polymérase II cellulaire et plusieurs sites de fixation de plusieurs protéines cellulaires et virales activatrices de la transcription. Chez les alpharétrovirus le signal de polyadénylation est présent dans la séquence U3 (315). En revanche, chez la plupart des rétrovirus le signal de polyadénylation est présent dans la séquence R. De plus, U3 contient le signal att qui est reconnu par la machinerie d'intégration.

Chez les alpharétrovirus, des éléments de contrôle postranscriptionnel, nommés DR ("direct repeat"), sont présents dans la région 3' non codante. Les séquences DR sont nécessaires au bon déroulement de la réplication viral (238). Les séquences DR permettent l'accumulation de l'ARN viral non épissé dans le cytoplasme (237,238,247). Chez RSV on a deux séquences DR [positions 6897-7012 (DR1) et 8791-8914 (DR2)]. En revanche, chez ALV, une seule séquence DR est présente (Figure 2) (35,238,280). Les séquences DR agissent comme des éléments de transport constitutif permettant le transport de l'ARN génomique du noyau vers le cytoplasme (237,247).

1.2.2.2) Régions codantes

Tous les rétrovirus possèdent les gènes *gag*, *pol* et *env* (Figure 2). Le cistron *gag* et le cistron *pol* sont souvent considérés comme un cistron unique bien qu'il puisse exister un déphasage entre les deux cadres de lecture comme c'est le cas chez les alpharétrovirus. En plus de ces trois cistrons principaux, le RSV possède aussi l'oncogène viral *src* situé à l'extrémité 3' du génome (positions 7129-8707) qui code pour une tyrosine kinase (pp60 v-Src). L'acquisition d'un oncogène par un rétrovirus a été traitée dans la partie 1.1. Les poulets sains contiennent un gène qui a été nommé c-src car sa séquence est très proche du v-src (245,291). C-src a été par la suite découvert chez beaucoup d'êtres vivants dont l'homme. La protéine c-Src humaine est une tyrosine kinase de 60 kDa, non associé à un récepteur, codée par le gène SRC (81). Elle est l'homologue cellulaire du puissant oncogène transformant viral, v-src. La protéine c-Src intervient au centre d'un vaste éventail de cascades de transductions de signaux qui affectent la prolifération, la différenciation, la motilité et la survie des cellules. L'activation de c-Src est observé dans plus de 50 % des tumeurs du colon, du foie, du poumon, du sein et du pancréas (81).

- *Le gène gag ("group specific antigen")*

Il code pour un précurseur polyprotéique. Ce précurseur est traduit à partir de l'ARN génomique (ARNm non épissé). Une fois synthétisé, le précurseur Gag est acétylé à son extrémité N-terminale ce qui permet son ancrage à la membrane plasmique. Chez tous les rétrovirus à l'exception des *Spumaretrovirinae*, le précurseur est nécessaire à l'assemblage viral et à la libération des virions (121). Les alpharétrovirus se différencient des autres rétrovirus car ils possèdent le gène *gag-pro* au lieu du gène *gag*. Le gène *gag-pro* est constitué des séquences *gag* (positions 380-2110) et *pro* (positions 2111-2483) qui sont dans le même cadre de lecture et codent pour le précurseur polyprotéique $Pr76^{Gag-Pro}$.

Au cours de la maturation de la particule virale, le précurseur $Pr76^{Gag-Pro}$ est clivé par la protéase virale pour générer les protéines MA, CA, NC et la protéase PR ainsi que trois petits peptides, (p2a, p2b, p10) de fonctions indéterminées et situés entre MA et CA (Figure 3). Le peptide p10 est phosphorylé (pp10). Le peptide p1, de fonction indéterminée, est le produit de clivage de la région située entre CA et NC.

Dans le gène *gag* des rétrovirus aviaires et à 300 nucléotides du site donneur d'épissage est présent un élément de régulation négative d'épissage nommé NRS (10,43,129,201,294) qui joue un rôle essentiel pour préserver un taux bien déterminé d'ARN non épissé. NRS agit sur le processus d'épissage mais pas sur le transport de l'ARN non épissé vers le cytoplasme (10).

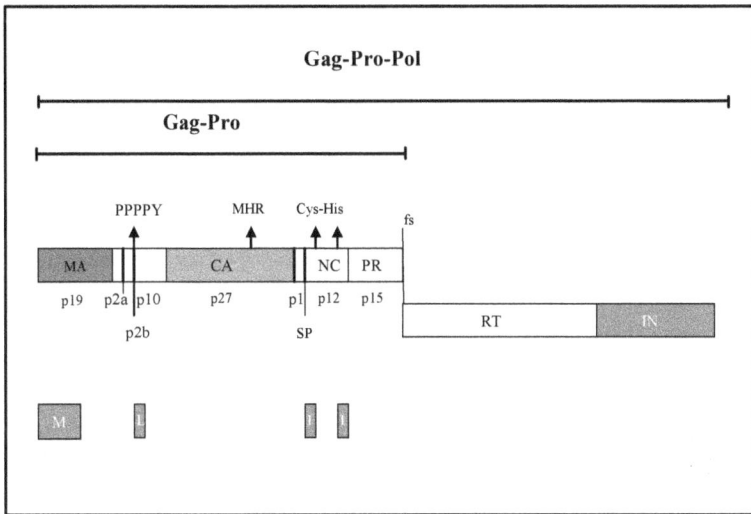

Figure 3. Organisation des précurseurs Gag-Pro et Gag-Pro-Pol chez les alpharétrovirus.
Le domaine M est essentiel pour l'ancrage à la membrane plasmique. Le domaine I stimule les interactions stables entre les molécules de Gag-Pro. Le domaine L facilite le relargage de virions. fs : ("frame shift") : décalage du cadre de lecture.

- Le gène pol (polymerase)

Chez les alpharétrovirus, *pol* est situé entre les nucléotides 2482 et 5190. Le précurseur polyprotéique (Pr180$^{\text{Gag-Pro-Pol}}$), est synthétisé par un mécanisme de décalage du cadre de lecture entre les gènes *gag-pro* et *pol*. Ce changement de cadre de lecture requiert une séquence spécifique constituée des deux derniers codons de la phase de lecture initiale ainsi que d'une tige-boucle localisée 10 nucléotides en aval du site de changement de phase de lecture (149). Chez RSV, le taux de synthèse du précurseur Gag-Pro-Pol est d'environ 5% par rapport à celui du précurseur Gag-Pro (201). La protéolyse de *pol* est à l'origine des protéines matures à activité enzymatique : la transcriptase inverse (RT) de 62.9 kDa et l'intégrase (IN) de 35.7 kDa. La RT est un hétérodimère constitué de deux sous unités : p68α et p95β. La sous unité p95β n'est pas clivée au niveau du site de coupure RT/IN et elle contient donc les domaines RT et IN.

- *Le gène env (enveloppe)*

Chez les alpharétrovirus, *env* est codé par les séquences 380-397 et 5078-6863. La traduction du cadre ouvert de lecture du gène *env* commence à la position 380 qui sert aussi de site d'initiation de la traduction de *gag*. Les six premiers acides aminés du précurseur gPr95 Env sont codés par le cistron *gag* de la position 380 jusqu'au site donneur d'épissage à la position 397. Le précurseur, contrairement aux gènes *gag* et *pol*, est traduit à partir d'un ARNm épissé. Le peptide "leader" présent à l'extrémité N-terminale du précurseur Env permet son adressage au réticulum endoplasmique réticulé (RER) où il est glycosilé. La maturation du précurseur génère les protéines SU (37.2 kDa chez ALV) et TM (22.3 kDa chez ALV) qui possèdent respectivement 13 et 3 sites de glycosylation (147,315).

1.3) Cycle réplicatif

Tous les rétrovirus ont un cycle d'infection avec des étapes communes qui consistent à la fixation sur un récepteur cellulaire spécifique, une entrée dans la cellule, la synthèse de leurs acides nucléiques et de leurs protéines, l'assemblage de ces composants et la formation des virions qui sont libérés dans le milieu extracellulaire pour infecter d'autres cellules (Figure 4).

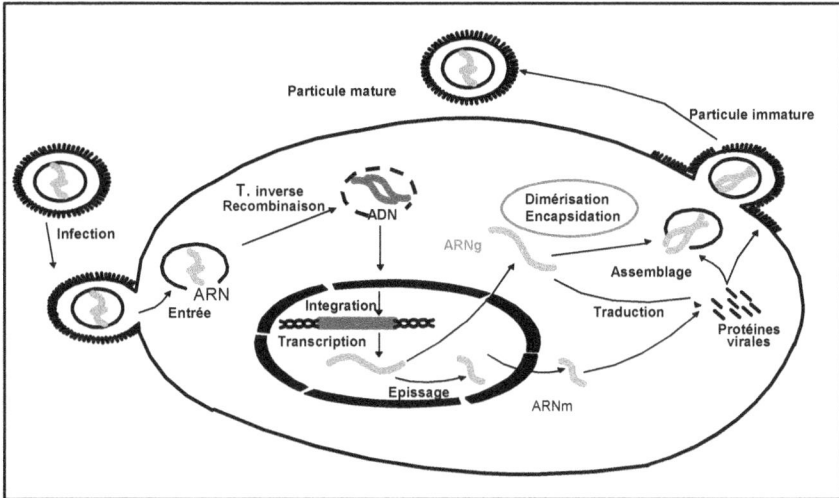

Figure 4. Représentation schématique du cycle réplicatif.

1.3.1) Entrée du virus dans la cellule

L'adhésion du virion est assurée par des interactions spécifiques entre les glycoprotéines virales d'enveloppe et les récepteurs de la cellule hôte. Chez les alpharétrovirus on distingue six sous-groupes dépendant de l'interaction glycoprotéine d'enveloppe/récepteur. Ces sous-groupes ont été désignés par les lettres A-E et J (13,50,285). Les sous-groupes A et J sont les plus étudiés car ils sont les plus pathogènes et touchent le plus les élevages de volailles (50). L'interaction entre la glycoprotéine d'enveloppe du sous-groupe A des alpharétrovirus, Env A, et son récepteur Tva a été très étudiée et est le plus la plus compréhensible (266). La fusion entre l'enveloppe virale et la membrane cellulaire dépend de l'interaction Tva/EnvA (82). Ce phénomène de fusion permet la libération de la capside dans le cytoplasme de la cellule (18,331).

1.3.2) Décapsidation et libération du complexe nucléoprotéique

Juste après l'entrée dans la cellule, les protéines de la capside se dissocient du complexe nucléoprotéique, ce processus est encore mal connu et difficilement analysable. Des protéines virales et cellulaires seraient impliquées (122).

1.3.3) Transcription inverse de l'ARN

Après l'entrée du virus, et très tôt après la décapsidation, la transcription inverse de l'ARN génomique est engagée. A l'issu de ce processus complexe constitué de plusieurs étapes (Figure 5), l'ARN génomique est converti en ADN double-brin (ADN pré-proviral) possédant à chaque extrémité les séquences LTR. La RT ne possède pas d'activité correctrice. Il existe donc un taux particulièrement élevé de mutations au cours de la transcription inverse. Conjointement aux événements de recombinaison, les mutations confèrent au virus une grande variabilité génétique ce qui lui permet d'échapper par exemple aux différentes thérapies dirigées contre lui. A ce jour, la transcriptase inverse est l'une des cibles principales des agents pharmacologiques utilisés contre le VIH-1.

Pour que la RT puisse achever la transcription inverse de l'ARN génomique entier, un premier transfert de brin est nécessaire. La notion de transfert de brin signifie que l'ADN naissant est transféré de la molécule d'ARN sur laquelle la transcription inverse est en cours (ARN donneur) sur l'autre molécule d'ARN présent dans le milieu (ARN accepteur). Cette hybridation est rendue possible par la présence de la séquence R qui est répétée au niveau des extrémités 5' et 3' de l'ARN viral (218). Le premier transfert de brin peut être intra-moléculaire (entre les deux séquences R de la même molécule d'ARN) ou inter-moléculaire (entre les deux ARN qui sont contenus dans le virion). Pendant la synthèse du brin (-) d'ADN il peut se produire des transferts de brins internes qui sont responsables des recombinaisons génétiques (228,229).

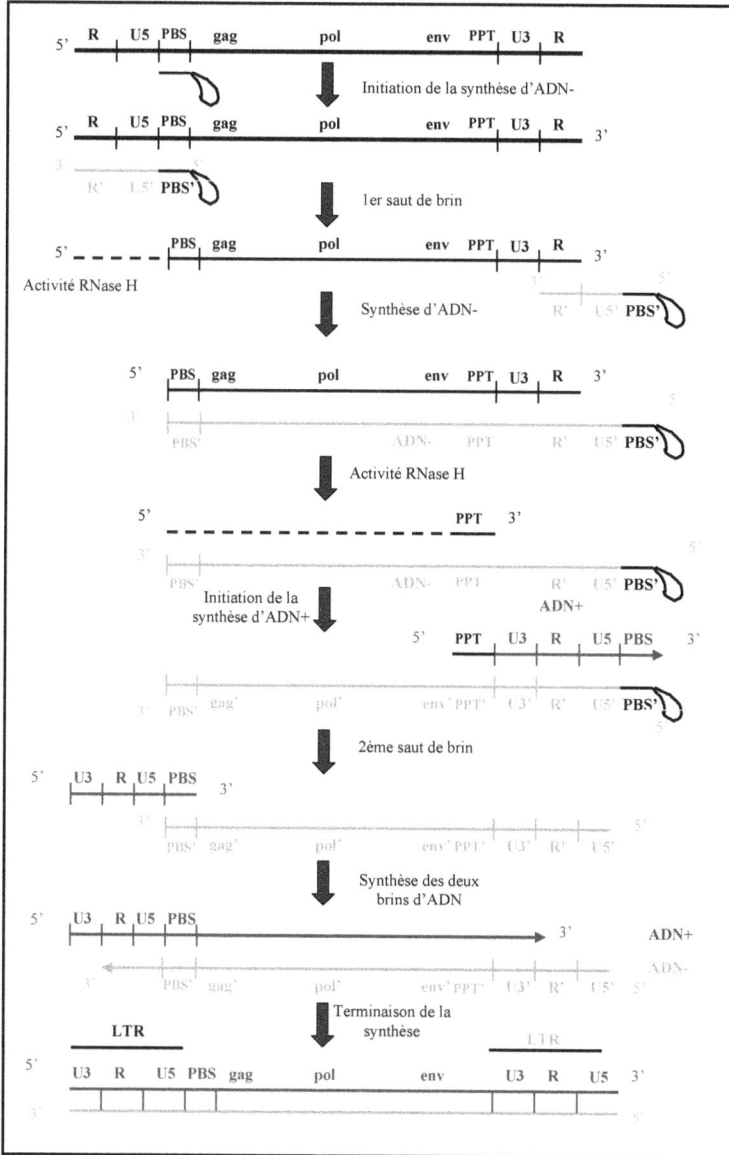

Figure 5. La transcription inverse de l'ARN génomique.

1.3.4) Intégration de L'ADN pré-proviral

Une des étapes essentielles de la réplication virale est l'intégration de l'ADN pré-proviral dans le génome de la cellule hôte. Ce phénomène d'intégration permet au virus d'une part d'exprimer ses gènes en utilisant la machinerie cellulaire de transcription, d'épissage et d'autre part, de maintenir son génome dans les cellules au cours des divisions cellulaires. Chez les alpharétrovirus l'intégration se déroule pendant la division cellulaire. Toutefois, des travaux récents suggèrent que RSV pourrait se répliquer dans des cellules quiscentes et qu'une protéine virale permettrait de transporter le complexe de préintégration du RSV du cytoplasme vers le noyau (139). Une enzyme virale, l'intégrase, permet l'intégration de l'ADN pré-proviral dans le génome de la cellule infectée (41,100,182).

1.3.5) Expression du génome viral

Une fois intégré dans le génome cellulaire, l'ADN proviral est transcrit en ARN viral par la machinerie de transcription de la cellule. La machinerie d'épissage cellulaire génère les ARNm viraux à partir de l'ARN viral. L'ARN viral non épissé, nommé ARN génomique, est traduit en précurseurs poly-protéiques Gag-Pro et Gag-Pro-Pol chez les alpharétrovirus (315).

A l'opposé des rétrovirus simples, mais comme dans le cas du VIH-2, les alpharétrovirus possèdent un site donneur d'épissage situé en aval de la région d'encapsidation Ψ. Par conséquent, tous les ARN rétroviraux des alpharétrovirus épissés ou non possèdent la séquence d'encapsidation Ψ (Figure 6). Les ARN génomiques rétroviraux doivent être exportés du noyau vers le cytoplasme où ils subissent l'étape de traduction et/ou la dimérisation et l'encapsidation. Chez les alpharétrovirus, les séquences DR (voir paragraphe 1.2.2.1) sont responsables de l'accumulation de l'ARN non épissé dans le cytoplasme et agissent comme des éléments du transport constitutif du noyau vers le cytoplasme (211,237,238,247,294). Les alpharétrovirus possèdent aussi un élément de régulation négative d'épissage (NRS) qui est situé dans la région 706-1007 correspondant à une partie de gène *gag* (10,43,129,201,294). Le NRS contribue à la préservation d'un taux bien déterminé d'ARN non épissé dans le cytoplasme. A l'opposé des DR qui agissent sur le transport d'ARN non épissé vers le cytoplasme, le NRS agit directement sur le processus d'épissage (10,200). Des travaux récents ont montré que le NRS joue aussi un rôle dans la polyadénylation de l'ARN viral des alpharétrovirus (323).

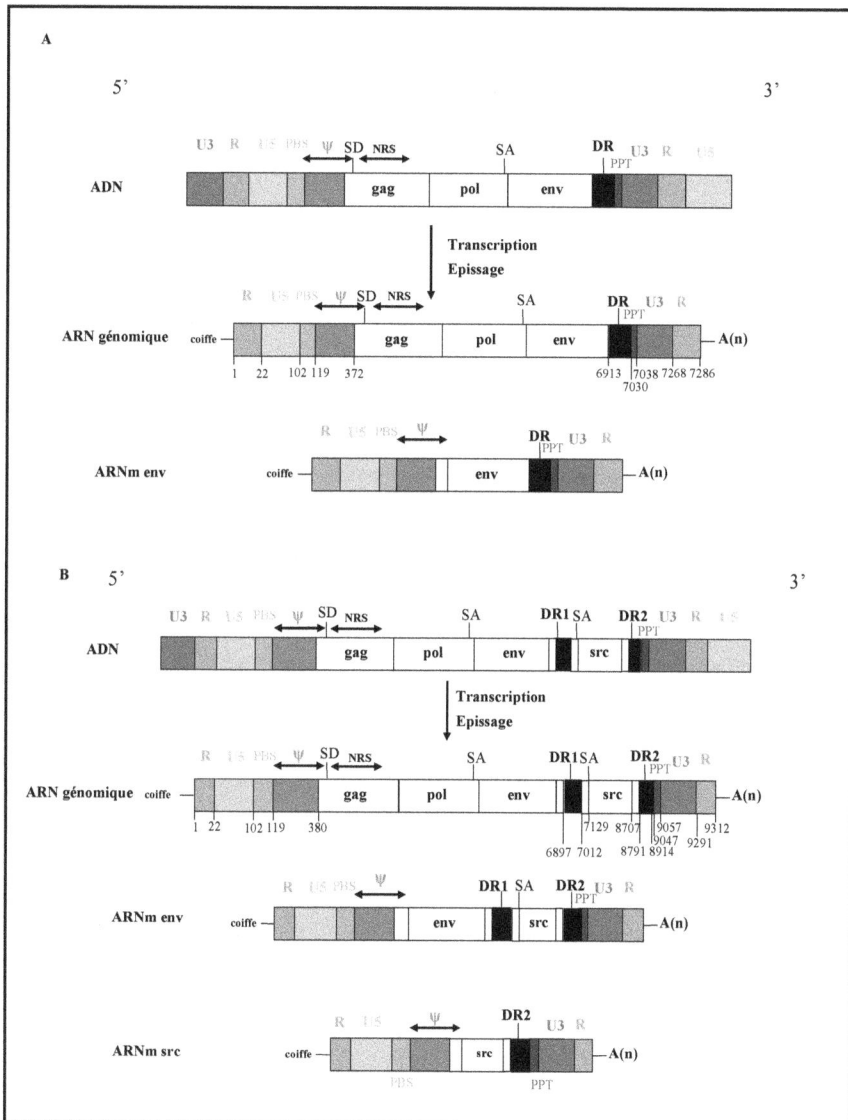

Figure 6. Transcription et épissage. A) chez ALV. B) chez RSV.

1.3.6) Encapsidation de l'ARN génomique

L'ARN génomique est spécifiquement encapsidé dans des particules virales bourgeonnantes. L'encapsidation de l'ARN viral est une étape obligatoire du cycle infectieux et certaines séquences virales sont indispensables au cours de ce processus. La relation entre la dimérisation et l'encapsidation de l'ARN génomique est developpée dans la partie 3.1.4.

En plus de l'ARN génomique, les particules virales encapsident des ARN épissés et des ARN cellulaires (proche de 50 % de la masse de l'ARN viral) (226). Des travaux récents ont montré que les particules du VIH-1 contiennent l'ARN cellulaire 7SL qui est un composant du signal de reconnaissance des particules (SRps) (241). D'autres ARN comme les ARN ribosomaux, les ARNt, U6 snARN, ont aussi été identifiés chez d'autres rétrovirus (123,225). Récemment, l'équipe de M. Mougel a montré que le mécanisme d'encapsidation chez le VIH-1 est différent selon le type d'ARN encapsidé (146). En effet, tandis que la séquence SL1 est l'acteur principal dans l'encapsidation de l'ARN génomique viral, elle n'est pas impliquée dans l'encapsidation des ARN épissés et des ARN cellulaires.

1.3.6.1) Facteurs en cis

Les premiers travaux réalisés chez les alpharétrovirus ont montré l'importance de la région 5' du génome dans le processus d'encapsidation (7,161,233,234,282). L'ensemble des études réalisées chez RSV montre que la région Ψ, localisée entre le PBS et le site donneur d'épissage (SD), permet l'encapsidation d'un ARN hétérologue (7,16,160,166). En outre, des délétions entre le PBS et le SD altèrent d'une manière significative aussi bien le pouvoir infectieux du virus que l'encapsidation de son ARN génomique (160). La délétion des nucléotides 207-270 dans la région Ψ réduit fortement l'encapsidation de l'ARN génomique (160). En revanche, des délétions en amont (55,56) et en aval (235,293) de cette région altère peu ou pas l'efficacité de l'encapsidation.

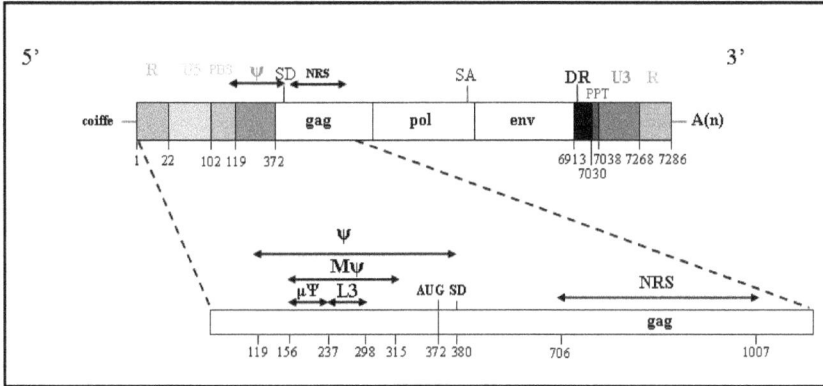

Figure 7. Région impliquée dans l'encapsidation et l'épissage de l'ARN d'ALV.

Le signal d'encapsidation présente un assemblage complexe de séquences spécifiques et des structures secondaires qui peuvent se chevaucher avec des domaines codant pour d'autres fonctions. L'analyse de mutations localisées dans la région Ψ indique que la séquence primaire ainsi que les structures secondaires sont cruciales dans le mécanisme d'encapsidation. En effet, une étude sur 20 alpharétrovirus montre qu'une partie de la région Ψ (région 156-315), nommée MΨ (Figures 7 et 8) est conservée à 60% et qu'il existe une forte covariation de bases appariées dans les structures secondaires prédites par le programme mfold (17). La région MΨ du virus RSV permet l'encapsidation d'un ARN hétérologue avec une efficacité seulement 2,6 fois moindre que celle du génome entier (16). La région minimale d'encapsidation µΨ (nucléotides 156-237) correspondant à une partie du MΨ (Figures 7 et 8), présente la même efficacité pour l'encapsidation d'un ARN hétérologue (17). Il semble qu'au sein de la région 5' complète, le repliement de la séquence L3 en une longue tige-boucle est nécessaire à la formation de la structure µΨ (16,17). Par ailleurs, l'ARN messager env du RSV est faiblement encapsidé bien qu'il possède la séquence Ψ (17). Ceci suggère un repliement différent de Ψ dans l'ARN env ou la présence de déterminants négatifs dans cet ARN. De plus, les séquences DR non codantes qui sont situées à proximité de l'extrémité 3' terminale du génome (Figure 2) ont été aussi identifiées comme stimulateur de l'encapsidation (9,11,288).

Les travaux réalisés avec des mutants présentant des délétions dans la séquence 5' non codante du génome (160), ont montré l'importance d'une structure en tige-boucle de l'ARN dans le processus d'encapsidation. Des mutations dans la tige O3 altérant la complémentarité réduisent d'une manière significative l'encapsidation de l'ARN, mais des mutations compensatrices qui régénèrent la complémentarité au sein de la tige restaurent une encapsidation efficace de l'ARN génomique (165). Des travaux plus récents ont montré que les structures tiges du μΨ sont importantes pour l'encapsidation de l'ARN génomique ou d'ARN hétérologues (17,90).

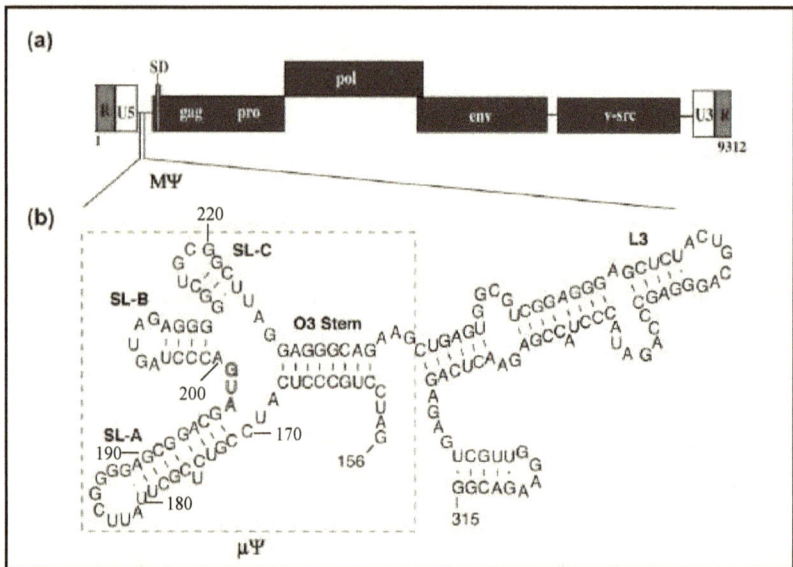

Figure 8. **Structure secondaire prédite pour la région d'encapsidation /dimérisation M Ψ du RSV (17).** (a) ARN génomique du RSV. (b) structure secondaire de MΨ. Le signal minimal d'encapsidation (μΨ) est encadré en pointillé.

La région 5' non codante des alpharétrovirus présente 3 courts cadres de lecture ouverte (uORF1, uORF2, uORF3) situés en amont du codon d'initiation de Gag-Pro (135). uORF1 et uORF2 sont situés dans la région R-U5-PBS capable de former une structure secondaire stable (Figure 9). Une double mutation du codon d'initiation de l'uORF1 réduit considérablement l'efficacité de l'encapsidation (89). De façon similaire, une triple mutation détruisant le codon d'initiation de la traduction de l'uORF3 (197-228), localisée dans la séquence µΨ, réduit l'efficacité d'encapsidation (89,287). Ces résultats suggèrent que l'encapsidation de l'ARN génomique serait dépendante de la traduction des uORF1 et uORF3. Toutefois, il n'a pas été démontré que les peptides codés par ces ORFs sont synthétisés dans les cellules infectées par le virus. De plus, une relation directe entre la traduction des uORFs et l'encapsidation de l'ARN génomique n'a pas été démontrée (287). Plusieurs études suggèrent que les mutations des uORFs affectent l'encapsidation en modifiant la structure du signal d'encapsidation (17,181,210). Les travaux récents de notre équipe ont mis en évidence une interaction entre la région R-U5-PBS et la séquence µΨ (156).

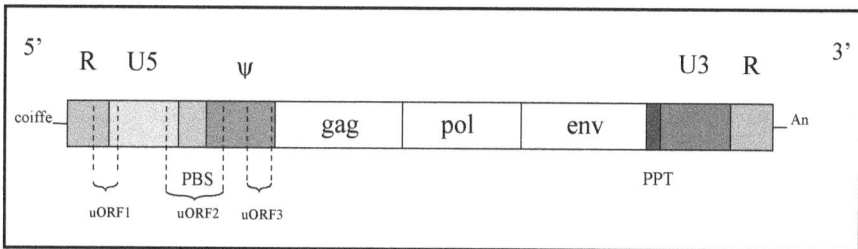

Figure 9. Les cadres de lectures uORF1, uORF2 et uORF3 chez les alpharétrovirus

1.3.6.2) Facteurs en trans

L'interaction du précurseur Gag (Gag-Pro dans le cas des alpharétrovirus) avec l'ARN génomique permet une encapsidation sélective de ce dernier dans la particule virale. Des études par mutagenèse dirigée ont permis de mettre en évidence l'importance du domaine NC (protéine de nucléocapside) dans le processus d'encapsidation (93,205,206,277) et plus précisément les boîtes Cys-His de la NC (39). Le clivage du précurseur Gag-Pro des alpharétrovirus génère la NCp12 qui a un pouvoir élevé de liaison avec les acides nucléiques. Récemment, les travaux de l'équipe de M. Summers ont mis en évidence une grande affinité de la NCp12 pour le signal minimal d'encapsidation µΨ (335,336). D'autres régions du précurseur Gag-Pro, ont aussi une implication dans l'encapsidation sélective de l'ARN viral. Par exemple, la délétion d'une portion du domaine CA réduit l'efficacité de l'encapsidation de l'ARN (277). En outre, le précurseur Gag-Pro joue un rôle primordial dans l'assemblage de la particule virale (167,322).

1.3.7) Assemblage et bourgeonnement

Chez les alpharétrovirus la localisation à la membrane plasmique des précurseurs Gag-Pro, Gag-Pro-Pol, des protéines SU et TM ainsi que deux copies de l'ARN viral permet d'initier l'assemblage d'une nouvelle particule virale. L'assemblage et le bourgeonnement se déroulent en même temps. Des séquences situées dans le domaine cytoplasmique de la protéine TM déterminent le lieu de bourgeonnement (67). Pendant l'assemblage, les polyprotéines Gag-Pro oligomérisent par une interaction Gag-Gag et s'associent à la face interne de la membrane plasmique induisant une courbure de cette dernière qui déclenche le bourgeonnement de la particule virale (63). Les interactions Gag-Gag survenant au niveau du cytosol sont contrôlées par le domaine NC et sont nécessaires pour le bourgeonnement (172). Le domaine PR du RSV joue aussi un rôle essentiel dans l'assemblage et le bourgeonnement. Quant au domaine CA, malgré qu'il n'est pas nécessaire au bourgeonnement, il joue un rôle majeur dans la détermination de la taille de la particule virale qui va bourgeonner (321).

Des analyses de délétions ont montré que le bourgeonnement dépend de trois séquences d'acides aminés de Gag-Pro appelées domaines d'assemblage (Figure 3). La séquence M ("membrane binding") contient une partie de la région N-terminale de MA et est située dans les 85 premiers résidus de Gag-Pro. Cette séquence dirige l'ancrage et/ou le transport de Gag-Pro à la membrane plasmique et est aussi capable de diriger les protéines hétérologues à la membrane plasmique (230,255,313,322). La séquence I (interaction), contenant des résidus basiques de la NC, est présente en deux copies dans Gag-Pro (23). Elle stimule les interactions stables entre les molécules de Gag-Pro en favorisant leurs liaisons avec l'ARN (40). La séquence L ("late"), présente dans p10 à proximité de la séquence p2b, facilite le relargage de virions en interagissant avec des protéines d'origine cellulaire (112,120,253,261,321,328). La séquence cruciale dans L est composée de prolines et d'une tyrosine (P-P-P-P-Y) (328).

Des analyses de protéines chimériques construites à partir de différents génomes rétroviraux, ont montré que les domaines d'assemblage sont interchangeables et leurs fonctions sont indépendantes de leurs positions dans la polyprotéine Gag (23,253,332). La région la plus conservée de Gag-Pro appelée MHR ("major homology région") est située dans la seconde partie de CA (Figure 3). Le MHR contient 20 résidus dont la moitié est conservée (256,322). Le relargage des particules virales est altéré par une délétion partielle mais pas par la délétion complète du MHR (62). Des substitutions dans le MHR affecte la synthèse d'ADN viral et génère des virus non infectieux.

Chez les lentivirus, parmi les régions de Gag impliquées dans l'assemblage on distingue le domaine MA. La myristilation de l'extrémité N-terminale ainsi qu'une région fortement basique dans MA permettent l'ancrage du précurseur dans la membrane plasmique. La myristilation est indispensable à la formation de virions (42,130). Plusieurs études montrent une localisation préférentielle de la MA au niveau des radeaux lipidiques (145,242), expliquant ainsi l'enrichissement en cholestérol et sphingolipides des membranes virales (44). Par ailleur MA cristallise sous forme de trimères. Cependant le rôle exact de cette oligomérisation dans l'assemblage reste controversé. Une autre fonction de MA durant l'assemblage est de faciliter l'incorporation de la protéine Env en interagissant avec son domaine TM (61,113,114,327).

L'adressage de Gag à la membrane plasmique est assuré par le domaine MA (243). L'export nucléaire des protéines et des ARNm viraux dépend d'un signal nommé NES médié par des récepteurs solubles nommé exportines (65,196) qui interagissent avec le recepteur d'export nucléaire CRM1 (108). Le transport nucléocytoplasmique de la polyprotéine Gag de RSV est une étape cruciale dans l'assemblage des particules virales. Les travaux de l'équipe de L. J. Parent suggèrent fortement que Gag est transporté dans une première étape du cytoplasme vers le noyau (278). Le transport de Gag du noyau vers le cytoplasme chez RSV suit un processus d'export nucléaire type CRM1 car le traitement des virions par la leptomycine (LMB) supprime les interactions CRM1/NES et induit la rétention des protéines Gag dans le noyau (278). Récemment, la même équipe a montré que le NES situé dans le domaine p10 de Gag joue un rôle crucial dans le trafic de Gag et dans la maintenance de la morphologie du coeur du virion (279). Le modèle standard de production des rétrovirus décrit le bourgeonnement des particules au niveau de la membrane plasmique (48). Dans cette dernière décennie, le trafic intracellulaire et le bourgeonnement est un sujet de controverses. Des travaux suggèrent que le bourgeonnement se fait selon le modèle standard (318,319) tandis que d'autres études suggèrent que le bourgeonnement suit un modèle de bourgeonnement endosomal en utilisant les corps multivésiculaires (MBV) (84). Chez les alpharétrovirus le bourgeonnement se fait à la membrane plasmique (257).

1.3.8) Maturation de la particule virale

L'acquisition de l'infectiosité est obtenue après une phase de maturation où les précurseurs Gag et Gag-Pol (Gag-Pro et Gag-Pro-Pol, chez les alpharétrovirus) sont clivés par la protéase virale (PR). Ce n'est qu'après cette étape dite de maturation que le virion devient infectieux. Le virion mature présente une morphologie différente du virion immature (Figure 10). Le cœur du virion mature apparait dense aux électrons. Ce cœur dense contient l'ARN viral lié aux NC formant ensemble le complexe ribonucléoprotéique. Ce complexe est enveloppé de multimères CA pour former le coeur de virion qui est entouré de protéines MA associés à l'enveloppe lipidique (301). Les particules immatures contiennent les protéines gag et gag-pol arrangées sous une forme non dense aux électrons.

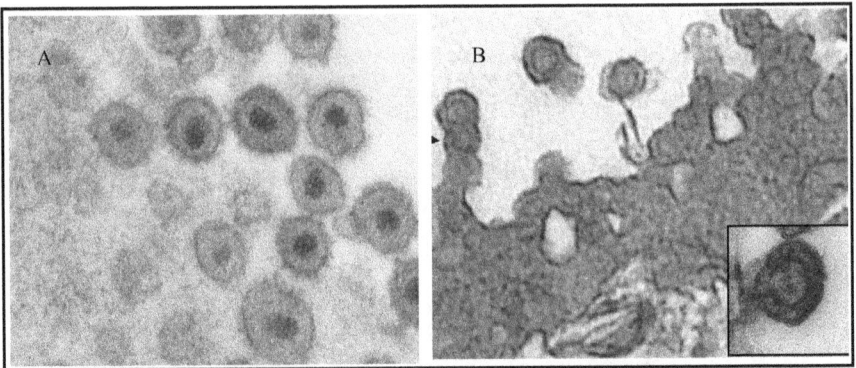

Figure 10. Images de microscopie électronique de particules virale de RSV (279). A) Particule virale mature. B) particule virale immature (agrandissement d'une particule encadrée a droite en bas de l'image).

2) Structures et fonctions des protéines de nucléocapside

La NC est la principale protéine structurale du complexe ribonucléoprotéique du virion. Chez les alpharétrovirus, cette protéine est la NCp12, il y a environ 1500 NCp12 par virion (316). Cette protéine est directement associée avec l'ARN génomique et elle joue de ce fait un rôle déterminant dans plusieurs étapes du cycle réplicatif des rétrovirus.

2.1) Séquences et structures des NC

Les NC rétrovirales sont de petites protéines basiques, inférieures à 100 acides aminés, codées par le gène *gag* des rétrovirus. A l'exception de la NC des spumarétrovirus, elles possèdent toutes un domaine N-terminal basique suivi d'une ou deux séquences CX2CX4HX4C appelées motifs CCHC (132) et un domaine C-terminal riche en proline, glycine et résidus basiques (Figure 11). La NC des gammarétrovirus (par exemple, Mo-MuLV) contient un seul motif CCHC, tandis que celle des alpharétrovirus et des lentivirus en contient deux. En revanche, la NC des spumarétrovirus n'on contient pas (72,197). Il existe une assez grande conservation de la nature des résidus dans les motifs CCHC d'un rétrovirus à l'autre mais les deux motifs d'un même rétrovirus ne sont pas équivalents (72). Les NC des divers rétrovirus possèdent au moins un motif CCHC qui contient un résidu aromatique. Les motifs CCH-C ont été nommés motifs à doigts de zinc par analogie avec les domaines en doigt qui lient un métal et se fixent sur les acides nucléiques (24).

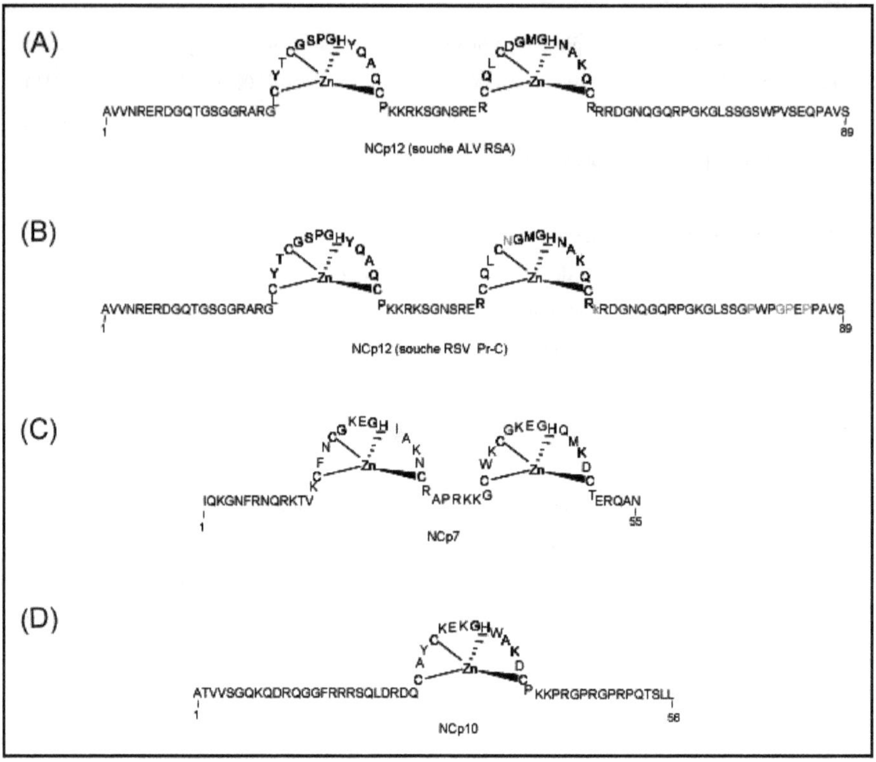

Figure 11. Structures primaires des protéines de nucléocapside. (A) NCp12 ALV RSA. (B) NCp12 RSV Pr-C. Les différences entre ALV RSA et RSV Pr-C sont indiquées en rouge. (C) NC du VIH-1 (NCp7). (D) NC du Mo-MuLV (NCp10) (72).

    Les protéines de la famille des protéines à doigt de zinc, se fixent sur l'ADN et sur l'ARN, et jouent un rôle important dans la régulation de l'expression génétique. Les motifs CCHC des NC lient, de façon stœchiométrique et avec une grande affinité, le Zn^{2+} (échangeable avec le Co^{2+} ou le Cd^{2+}) par l'intermédiaire des résidus cystéine et histidine (60,104,132,289,290). Le zinc présent dans le virion, est lié de manière stable à la NC (34).

    Les NC des rétrovirus RSV, Mo-MuLV et VIH-1 ont d'abord été purifiées à partir des virions (36,262,263,289) puis obtenues par production chez la bactérie *Escherichia Coli*

(159,162,329,336). Les NC de Mo-MuLV (NCp10) et de VIH-1 (NCp7) ont aussi été produites par synthèse chimique *in vitro* et obtenues ainsi en grande quantité avec une très grande pureté (60,70,78,299). La synthèse chimique des NC a permis de déterminer les domaines fonctionnels de ces protéines *in vitro* et a facilité l'obtention de mutants (70,77,79). L'étude par RMN des NC de Mo-MuLV et de VIH-1 a permis de proposer un modèle de leur structure tridimensionnelle (83,214,216,297). La structure tridimentsionnelle de la NCp10 montre que la protéine est constituée d'un domaine central globulaire contenant l'unique doit de zinc et des domaines N- et C- terminaux flexibles (Figure 12). L'étude par RMN de la NCp7 montre que le repliement des doigts de zinc se fait autour du Zn^{2+} (216,289,297,311) et qu'il existe une relation spatiale entre les deux doigts de zinc par la proximité de la Phe16 du doigt proximal et le Trp37 du doigt distal (214,216). En outre, la séquence basique RAPRKKG qui lie les deux doigts de zinc semble également induire la proximité spatiale de ces deux doigts (49,179,214) tout en restant fonctionnellement indépendante. La proximité spatiale des résidus aromatiques est également constatée par une étude de fluorescence (203). La structure tridimensionnelle de la NCp7 en solution indique que cette protéine est constituée d'un domaine central globulaire contenant les deux doigts de zinc et des domaines N- et C- terminaux indépendants, faiblement structurés et flexibles (72). Néanmoins, il existe une controverse concernant la forme de la structure active de cette protéine. L'équipe de M. Summers propose l'existence *in vitro* d'un équilibre entre une structure globulaire et une structure ouverte. L'interaction entre une séquence d'ARN et la structure ouverte de la protéine entraînant le repliement de celle-ci en une structure globulaire (179). Cette équipe propose que la structure active de la protéine soit la structure ouverte. Par ailleurs, l'équipe de B.P. Roques, qui a également constaté que la protéine est plus structurée en présence d'ARN, propose que la structure active soit la forme globulaire (214,271). Cette interprétation s'appuie sur le fait que des mutations qui ne détruisent pas la structure des doigts de zinc mais uniquement leur proximité, par exemple, la mutation du résidu Trp37 en un résidu neutre, inactive *in vitro* la NCp7 (12-53) qui est une forme tronquée de la NCp7 (214,271). En revanche, la structure tridimensionnelle de la NCp12 de RSV n'a pas pu être déterminée par RMN (335).

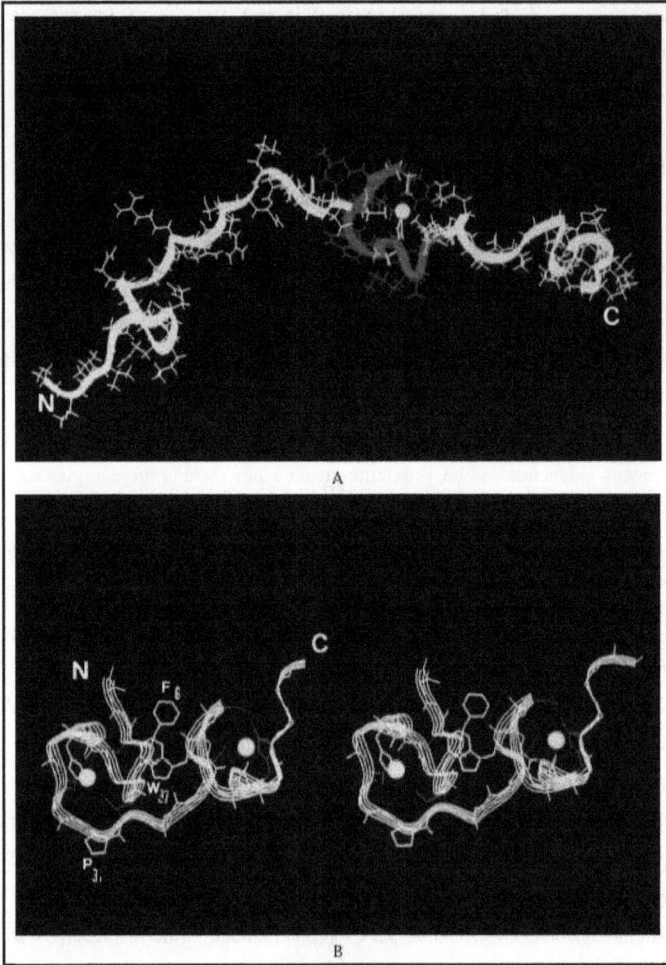

Figure 12. **Structures 3D de La NCp10 (A) et de la NCp7 (B) en solution** (72). A) Représentation de la NCp10 de Mo-MuLV, le doigt de zinc est présenté en rouge avec l'atome de zinc au milieu, en bleu, et les résidus Cys et His en jaune. Les domaines N- et C-terminaux sont indiqués par N et C respectivement. B) Représentation stéréoscopique de la chaîne polypeptidique de la NCp7 (12-53). On distingue les deux doigts à zinc avec l'atome de zinc au centre et les résidus F16 et W37, qui sont spatialement proches. Les domaines N- et C-terminaux sont indiqués par N et C respectivement.

2.2) Les NC se fixent sur les acides nucléiques

In vivo, l'ARN génomique est complètement couvert par la NC, la stœchiométrie généralement admise est d'une NC pour 7 à 8 nt (72,270). Chez RSV, une étude par microscopie électronique à lumière transmise a montré qu'il existe environ 1500 NCp12 par virion, ce qui correspond à environ une NCp12 pour 12 nt (316). Les NC interagissent préférentiellement avec des séquences d'ARN ou d'ADN simple-brin (75,150,157,212), avec des oligonucléotides et dans une moindre mesure, avec des acides nucléiques double-chaine. Jusqu'en 1996 on supposait que les NC ne présentaient pas de préférence pour une base ou une séquence donnée (157,281). L'utilisation de la méthode de sélection SELEX a permis de mettre en évidence une forte affinité de la NCp7 pour des séquences d'ARN présentant une structure en type tige-boucle avec une boucle interne dans la tige (5,25). Une étude par résonance plasmonique de surface (BIAcore), réalisée avec des oligonucléotides a mis en évidence une préférence de la NCp7 pour les séquences de type TG et UG (103).

La plupart des fonctions des NC résultent de leurs interactions avec l'ARN et l'ADN. La détermination de la structure des complexes NC/acides nucléiques est essentielle pour concevoir des composés capables d'inhiber les étapes du cycle rétroviral qui nécessitent l'activité des NC. Dans cet objectif, les structures des NC complexées avec des courtes séquences d'acide nucléiques ont été déterminées (215,267,335). La résolution par RMN de la structure de la NCp7, liée à la tige boucle SL3 du signal d'encapsidation de l'ARN génomique du VIH-1, montre que les doigts de zinc interagissent avec la boucle apicale du SL3 (76). Il semble également que le "bulge" du SL1 soit un site de liaison de la NCp7 (333).

Chez RSV, une étude suggère que la liaison NCp12 : ARN a lieu grâce à des interactions électrostatiques entre les résidus basiques chargés positivement de la protéine et le squelette phosphodiester de l'ARN chargé négativement (180). Cependant, la détermination récente par RMN de la structure du complexe NC12 : μΨ montre que les deux doigts de zinc forment des liaisons hydrogènes avec certaines bases de μΨ (335).

D'après la structure RMN, une adénosine (A 197) de μΨ (Figure 8) ainsi qu'une autre (A 168) forment des liaisons hydrogènes avec le doigt de zinc C-terminal de la NCp12 (335). Les boucles de SL-A et SL-B ne sont pas des sites de liaison de la NCp12 (335,336). Le changement de la séquence UGCG de la boucle SL-C en GAGA entraine une baisse très importante de l'affinité de la NCp12 pour µΨ (336). La guanosine G 218 de SL-C interagit avec le doigt de zinc N-terminal de la NCp12 (335).

2.3) Les NC possèdent une activité chaperonne des acides nucléiques

Des travaux suggèrent que les NC sont capables de dérouler un ARNt (162) ou de déstabiliser la double hélice d'un oligonucléotide double-brin (310). Les NC facilitent aussi l'hybridation d'oligonucléotides sur un ARN viral structuré (36,262). De plus, les NC, favorisent l'agrégation des acides nucléiques (86,168,177,296). Les NC sont considérées comme des protéines chaperonnes qui modulent la conformation des acides nucléiques. Elles accélèrent la vitesse de passage d'une conformation vers une conformation plus stable contenant en général un plus grand nombre d'appariements (64,184,270). Les NC stimulent aussi bien l'hybridation des séquences complémentaires (86,310,324,325) que leur dissociation (162). La NCp7 facilite l'hybridation de deux brins d'ADN complémentaires (86,171,310,312). Elle augmente jusqu'à 200 fois la vitesse d'hybridation dans des conditions stœchiométrique (nucléotides / NC=8), par rapport à des conditions optimales d'hybridation sans protéine (86). L'activité d'hybridation reposerait sur de fortes attractions électrostatiques entre les NC et les acides nucléiques. Les NC joueraient le rôle d'un cation multivalent (312,320). La NCp7 possède la capacité intrinsèque de déstabiliser les régions en double-brin des acides nucléiques (20,162,184). L'effet de la NCp7 sur la déstabilisation des appariements serait lié à la présence des doigts de zinc (134,320). En effet, la NCp7 dépourvue des doigts de zinc est incapable de déplier une structure d'acide nucléique (134). Les NC en se fixant sur les zones simple-brin de l'ARN favoriseraient l'appariement intermoléculaire en déstabilisant les régions double-brin intramoléculaires qui sont adjacentes des complexes formés par les NC et les zones simple-brin.

2.4) Fonctions

2.4.1) Protection du génome

Dans la nucléocapside, la NC est la protéine qui est la plus fortement liée à l'ARN génomique. Des expériences de pontage par UV réalisées sur la nucléocapside des virions de Mo-MuLV, RSV et VIH-1 montrent que la NC est la seule protéine fortement associée à l'ARN viral, contrairement à CA (73,75,188,204,316). Ainsi, l'association des NC avec l'ARN dimérique dans la particule virale formerait une structure de type nucléosome, comme cela a pu être observé par microscopie électronique dans le cas du Mo-MuLV (248). La formation de ce complexe ribonucléoprotéique résulte donc des interactions entre l'ARN viral et les NC mais aussi d'interactions NC/NC. Ce complexe protègerait l'ARN viral de la dégradation par les RNases (304,305).

2.4.2) Transcription inverse

La transcription inverse repose principalement sur deux étapes : la synthèse du brin (-) et la synthèse du brin (+) (Figure 5). L'action de la NC sur ces deux étapes a fait l'objet de nombreux travaux.

2.4.2.1) <u>Synthèse du brin –</u>

L'initiation de la synthèse du brin d'ADN(-) requiert comme amorce un ARNt d'origine cellulaire qui se fixe sur la séquence PBS ("Primer Binding Site") de l'ARN viral. La NC semble être impliquée dans l'initiation de la transcription inverse car elle facilite *in vitro* l'hybridation ARNt/PBS. La synthèse du brin(-) démarre à l'extrémité 3' de l'ARNt et se poursuit jusqu'à l'extrémité 5' de l'ARN viral pour générer l'ADN "strong-stop" (Figure 5). L'ADN "strong-stop" est ensuite transféré à l'extrémité 3' du génome. Ce transfert de brin nommé premier transfert de brin se produit principalement après la synthèse complète du brin d'ADN "strong-stop" (-) (239). Ce transfert nécessite l'activité RNase H de la RT qui dégrade partiellement la matrice ARN et libère ainsi l'ADN "strong-stop" (-) qui peut s'hybrider avec la séquence R en 3' de l'ARN génomique. La NC stimule *in vitro* le premier transfert de brin (4,74,330) en favorisant la formation de l'hybride ARN/ADN "strong-stop" via son activité chaperonne des acides nucléiques (21,33,128,133,134,142). En outre, la NC facilite *in vitro* le transfert de brin en empêchant la synthèse d'ADN non spécifique qui se produit si la RT utilise l'ADN "strong-stop" comme matrice (91,133).

2.4.2.2) <u>Synthèse de brin +</u>

La synthèse du deuxième brin commence en utilisant comme matrice le brin (-) nouvellement synthétisé et comme amorce le 3'PPT qui reste hybridé en amont de la séquence U3 (Figure 5). Ainsi la synthèse progresse en copiant les séquences U3', R' et U5' et elle procède jusqu'à la reconstitution d'une copie ADN (+) du PBS. Une base modifiée arrête la transcription inverse en donnant une molécule d'ADN (+) appelée ADN (+) "strong-stop". La partie de l'ARNt hybridé à l'ADN (+) est alors dégradée par l'activité RNase H de la RT. Cette

ADN est transféré sur l'extrémité 3' de l'ADN (-) par l'intermédiaire de l'hybridation du PBS (+) sur le PBS(-) : c'est le deuxième transfert de brin. La NC joue un rôle important dans ce second transfert (326). Des travaux ont montré que les doigts de zinc de la NC sont impliqués dans l'élimination complète de l'ARNt lié à l'extrémité 5' de l'ADN (-) pendant le transfert de brin (+) (134). De plus, la NC permet l'hybridation efficace de la séquence PBS présente dans le court fragment d'ADN (+) "strong-stop" avec le site complémentaire situé à l'extrémité 3' terminale de l'ADN (-) (152).

2.4.3 Intégration

Chez les rétrovirus, l'intégration nécessite le transfert de l'ADN pré-proviral, du cytoplasme vers le noyau de la cellule infectée. Ce transfert se fait sous forme d'un complexe de pré-intégration, composé de l'intégrase, de la transcriptase inverse et de la protéine de nucléocapside (117,118). La reconstitution *in vitro* de la réaction d'intégration a permis de montrer que la NC stimule cette réaction dans des conditions physiologiques, c'est à-dire en présence de sels de magnésium et de faibles concentrations d'intégrase (47).

2.4.4) Assemblage et bourgeonnement

La suppression de résidus basiques dans le domaine NC du précurseur Gag provoque un défaut du taux de bourgeonnement (46,62,317). Lorsque les résidus basiques sont mutés, le virion formé présente invariablement une morphologie de type immature (23,275,317). Des protéines chimériques formées d'une protéine Gag d'alpharétrovirus contenant la séquence de la NC du MLV ou des protéines Gag formées avec une partie du VIH-1 et une autre du MLV au sein d'un système alpharétrovirus sont capables de former des particules matures. En revanche, dans le même système, ce n'est pas possible en l'absence du domaine NC (23,317). Ces études, de même que des expériences de double hybride (111,189), ont montré que la NC est un constituant indispensable à la formation d'une particule virale mature. Il a été suggéré que la délétion des résidus basiques inhiberait les interactions Gag-Gag (111). Récemment, l'équipe de W. Webb a montré que le domaine NC contrôle les interactions Gag-Gag qui sont nécessaires au bourgeonnement et se produisent au niveau du cytosol (172).

2.3.5) Encapsidation

L'encapsidation d'ARN nécessite l'interaction du précurseur Gag avec la région Ψ de l'ARN génomique (30,66,68,151,269). Le domaine NC de Gag est responsable de l'encapsidation spécifique de l'ARN (181). Plusieurs travaux suggèrent que les motifs CCHC du domaine NC sont responsables de la reconnaissance du signal d'encapsidation (3,31,70,93,205,269,277). La NC du RSV lie µΨ avec une affinité très importante pratiquement 100 fois plus grande que dans le cas des autres NC rétrovirales interagissant avec leur signal d'encapsidation (336). Chez RSV, l'interaction Gag/MΨ semble dépendre du nombre de résidus basiques présents dans le domaine NC (180). En étudiant par un test triple hybride l'effet de mutations dans MΨ sur son interaction avec le précurseur Gag, il a été montré que les déterminants importants pour la liaison Gag/Ψ sont la tige O3, les tiges SL-B, SL-C et la zone simple-brin située entre SL-A et SL-B (Figure 8) (181). Il a été proposé que le site de liaison de Gag correspond à une structure tertiaire constituée de ces quatre éléments. La région simple-brin entre SL-A et SL-B semble être l'élément le plus important car des mutations ponctuelles dans cette zone abolissent complètement l'interaction µΨ/Gag (181,336). Des mutations dans la boucle SL-C ont peu d'effet sur la liaison de Gag (181) et sur la réplication (90). Les signaux d'encapsidation et de dimérisation de l'ARN génomique sont chevauchants et des travaux suggèrent que l'ARN doit être dimérique pour être encapsidé (67,68). La relation entre la dimérisation et l'encapsidation est developpée dans la partie 3.1.4.

3) Le génome des rétrovirus est un homodimère d'ARN

3.1) Rôles de l'ARN dimérique

3.1.1) Rôle dans la transcription inverse

Chez le VIH-1, la délétion du site d'initiation de la dimérisation (DIS) diminue la synthèse d'ADN proviral dans le virion, en particulier lors du second saut de brin et affecte l'efficacité de la transcription inverse entre la synthèse du brin (-) et celle de l'ADN proviral (283). Une étude suggère que la structure dimérique de l'ARN génomique du VIH-1, favorise le premier transfert de brin (27). *In vivo,* la synthèse d'ADNc est fortement réduite chez un mutant RSV qui ne peut former un ARN dimérique mature (254).

3.1.2 Rôle dans la recombinaison

L'encapsidation dans la particule virale de deux molécules d'ARN génomique sous la forme d'un homodimère est certainement bénéfique pour la survie des rétrovirus (154,334). En effet, l'homodimère d'ARN faciliterait les événements de recombinaison homologue qui seraient nécessaires à la poursuite de la transcription inverse lorsque l'ARN viral présente des cassures (58,127,137). De plus, la diversité génétique des rétrovirus, qui leur permet d'échapper à la réponse immunitaire de l'hôte et d'acquérir une résistance aux agents antiviraux, est probablement augmentée par les événements de recombinaison (154). Les événements de recombinaison seraient aussi impliqués dans la genèse des rétrovirus oncogènes (300,334). En effet, la recombinaison peut impliquer des régions non-homologues (334) et bien qu'elle soit moins efficace, la recombinaison non-homologue est impliquée dans l'évolution des rétrovirus comme comme par exemple la capture d'un oncogène cellulaire, processus nommé transduction d'oncogène (300,302). Les événements de recombinaison se produisent par exemple au niveau d'un ARN hétérodimérique constitué d'un ARN chimérique v-onc et d'un ARN viral.

Le transfert de brin interne pendant la synthèse du brin (-) d'ADN est principalement responsable des recombinaisons génétiques existant chez les rétrovirus (8,153). Chez le VIH-1, la dimérisation de l'ARN stimule *in vitro* le transfert de brin interne (6,14). De plus, il a été montré *ex vivo* avec un vecteur murin dérivé du MLV que les sites de recombinaison sont préférentiellement situés dans la région de dimérisation (190,208). Les travaux de l'equipe de F.S. Pedersen (209) ont montré que *ex vivo* la complémentarité au sein de la séquence de dimérisation favorise la recombinaison. En outre, des mutation dans le gene Gag du VIH-1 inhibent fortement la recombinaison en inhibant la dimérisation (231). Des travaux récents de l'équipe de W. Hu suggèrent fortement qu'une complémentarité au sein de boucle apicale du DIS favorise la recombinaison (213). Il est donc probable que la structure dimérique de l'ARN génomique favorise la recombinaison. Toutefois, la transcriptase inverse par son activité infidèle contribue aussi à la variabilité génétique des rétrovirus.

3.1.3) Rôle dans la Traduction

La dimérisation de l'ARN génomique réduit l'efficacité de la traduction *in vitro* du précurseur *gag* chez RSV, Mo-MuLV et VIH-1 (19,36,217). Néanmoins, ces résultats *in vitro* n'ont jamais été confirmés *in vivo*. En effet, plusieurs études ont montré que la délétion de la tige-boucle SL1 nécessaire *in vitro* à la dimérisation de l'ARN du VIH-1 n'altère pas significativement la traduction de Gag dans un système *in vivo* (3,29,175,185,198,249). Des expériences *in vitro* aussi bien chez VIH-1 que chez VIH-2, ont montré qu'il peut s'établir des interactions longues distances entre la région R-U5 et les séquences impliquées dans l'encapsidation et la dimérisation de l'ARN génomique (Figure 13) (1,87). La région 5' non codante adopterait deux conformations alternatives (Figure 13) : (i) la conformation LDI résultant d'interactions longues distances ; (ii) la conformation BMH lorsque les interactions longues distances ne sont pas formées. Les signaux de dimérisation (DIS) et d'encapsidation (Psi) ne seraient formés et accessibles que dans la conformation BMH. La conformation LDI serait reconnue par le ribosome pendant la synthèse du précurseur Gag. Une étude *in vitro* récente ne valide pas cette hypothèse (2) et suggère que ces structures n'affectent en aucun cas la traduction de l'ARN génomique.

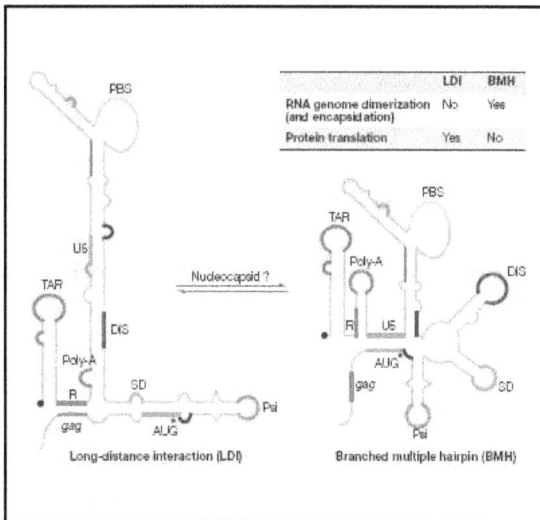

Figure 13. Modèle de changement conformationnel proposé pour la régulation de la traduction et l'encapsidation de l'ARN génomique du VIH-1 (244).

3.1.4) Relations entre la dimérisation et l'encapsidation de l'ARN génomique

Une étape tardive du cycle rétroviral implique l'encapsidation sélective de l'ARN génomique dans la particule virale (Figure 4). Suite à la caractérisation de l'ARN dimérique par microscopie électronique (22,169), il a été proposé que la région liant les sous unités du dimère pourrait avoir un rôle dans l'encapsidation de l'ARN viral (169). Le chevauchement du signal d'encapsidation avec des éléments promoteurs de la dimérisation de l'ARN, suggère que la dimérisation et l'encapsidation de l'ARN génomique sont intimement liés (36,71,262). De plus, l'observation que la dimérisation et l'encapsidation sont contrôlées en *trans* par le même domaine protéique (domaine NC), a conduit à proposer que le dimère d'ARN constitue une partie importante du signal d'encapsidation (36,71,262,269).

Les particules immature du Mo-MuLV contiennent un ARN génomique qui est complètement sous forme dimérique (116). Une étude récente a montré que des molécules d'ARNm cellulaires dans lesquelles on a inséré le signal d'encapsidation de Mo-MLV sont encapsidées sous forme de dimères dans les particules virales (143). D'autres études récentes suggèrent que la dimérisation chez les gammarétrovirus se produit préferentiellement pendant la transcription qu'après la synthèse complète de l'ARN génomique (107,163,268). La dimérisation co-transcriptionnelle permet d'interprèter l'encapsidation sélective des homodimères chez les gammarétrovirus. En effet, Mo-MuLV encapside préférentiellement les homodimères que les hétérodimères d'ARN (106). Pour résumer, plusieurs études suggèrent fortement que chez Mo-MuLV l'ARN génomique est dimérique lorsqu'il est encapsidé. En revanche, des controverses existent à propos de l'état de l'ARN génomique encapsidé chez les alpharétrovirus et le VIH-1. Des études suggèrent que l'ARN génomique est dimérique lorsqu'il est encapsidé (115,292,295) tandis que d'autres sont en faveur d'une encapsidation d'ARN monomérique (236,246,286). En outre, l'encapsidation d'homodimères et d'hétérodimères est un processus aléatoire chez le VIH-1.

La dimérisation jouerait un rôle important dans l'encapsidation en induisant des changements conformationnels de l'ARN génomique. En effet, la dimérisation a un effet sur la conformation du domaine d'encapsidation Ψ du Mo-MuLV (309). Des études récentes suggèrent que la dimérisation de l'ARN génomique du Mo-MuLV provoque l'exposition de la séquence UAUCUG qui est séquestrée dans l'ARN monomérique (Figure 14). Cette séquence est présente dans le domaine DIS-2 et elle relie ce dernier avec le motif SL-C. Le domaine CCHC de la NCp10 interagit avec une haute affinité avec la séquence UAUCUG et cette interaction constitue probablement le signal qui déclenche l'encapsidation de l'ARN dimérique (67,68). D'autres séquences UAUCUG présentes dans l'ARN monomérique sont également séquestrées. Ainsi la dimérisation de l'ARN entraîne l'exposition de ces séquences contenant des résidus guanosines présents dans la région ψ qui peuvent interagir avec le domaine NC de Gag (Figure 14) (67,85).

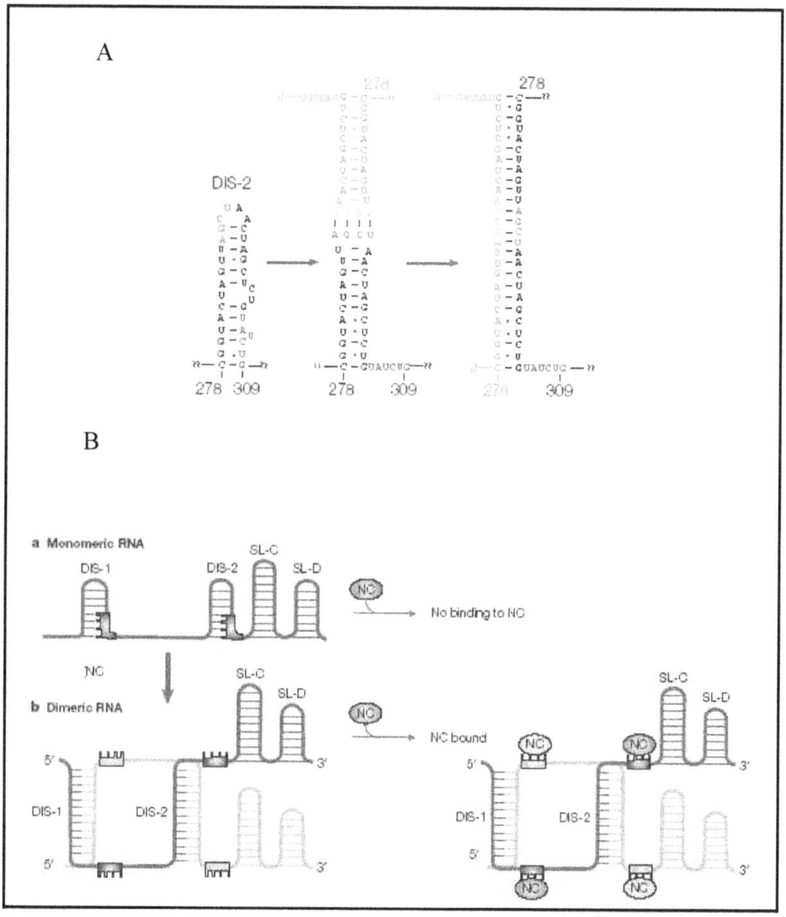

Figure 14. Modèle de reconnaissance et d'encapsidation spécifique d'un ARN génomique (67).

A) Structure secondaire du DIS-2 de Mo-MuLV dans le monomère et sous les formes dimériques (complexe boucle-boucle et duplex étendu). Le site potentiel de la NC (rouge) est séquestré dans le monomère et exposé dans le dimère.

B) Le site potentiel de la NC est séquestré dans les tiges-boucles DIS-1 et DIS-2. Le changement conformationnel induit par l'activité chaperonne de la NC ou de Gag, expose ce site qui a une grande affinité pour la NC.

Chez le VIH-1, le signal d'encapsidation ψ est principalement constitué des tiges-boucles SL1 à SL4 (Figure 15). Les travaux de l'équipe de B. Berkhout (26) suggèrent que le signal d'encapsidation n'est présent que dans la conformation BMH (Figure 13). Des délétions dans le DIS diminuent l'encapsidation de l'ARN génomique du VIH-1 (53,138,146,198,199,249). En effet, des délétions de SL1 diminuent jusqu'à 5 fois la capacité d'encapsidation des ARN retroviraux (146).

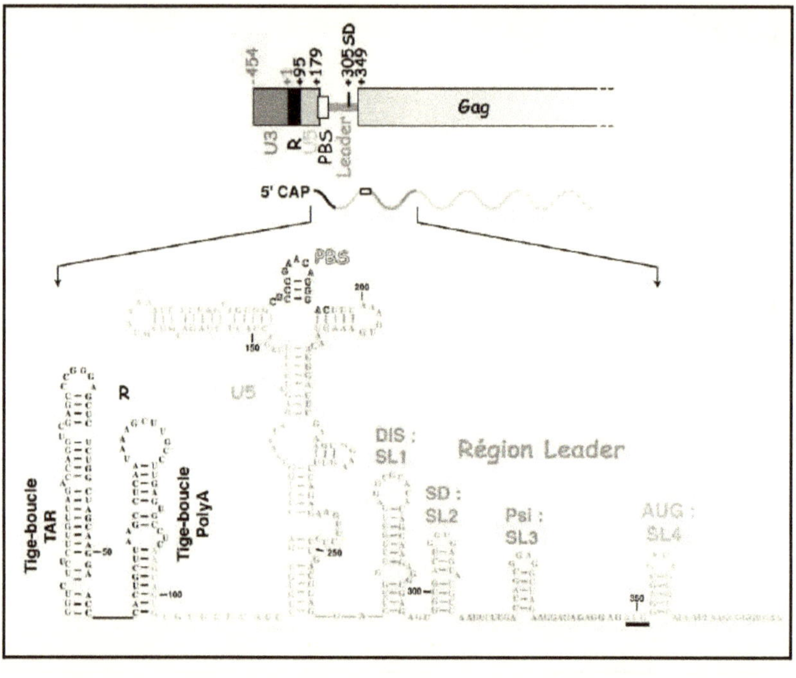

Figure 15. Structure secondaire prédite pour l'extrémité 5'de l'ARN du VIH-1 (26).

Chez les alpharétrovirus la tige-boucle L3 joue un rôle essentiel dans la dimérisation *in vitro* (109,254,260). Cette structure est adjacente de la séquence minimale d'encapsidation μΨ (17). La délétion de L3 réduit considérablement l'infectivité virale et un mécanisme de sélection existe pour maintenir une séquence palindromique dans la boucle apicale (90). Toutefois, la région L3 ne semble pas essentielle pour l'encapsidation puisque µΨ seul dirige l'encapsidation d'un ARN hétérologue aussi efficacement que la région MΨ constituée de µΨ et de L3 (Figure 8) (17).

3.2) Etat des connaissances sur la structure de l'ARN dimérique *in situ*

3.2.1) Caractérisation de la DLS

L'incorporation dans la particule virale de deux molécules identiques d'ARN génomique sous la forme d'un homodimère est l'une des propriétés qui caractérisent les rétrovirus. En effet, quand l'ARN génomique est isolé à partir des virions dans des conditions faiblement dénaturantes, il sédimente avec une vitesse trés supérieure à celle obtenue dans des conditions fortement dénaturantes. L'analyse par centrifugation en gradient de glycérol a montré que l'ARN 62S extrait des virions RSV, se transforme en ARN 36S après un traitement au DMSO où à une température de 80 °C (92). Il a donc été suggéré que la forme 62S est un agrégat de l'ARN 36S. De plus, les analyses réalisées par électrophorèse sur gel d'agarose ont montré que les mobilités électrophorétiques des ARN 30-40S et des ARN 60-70S dénaturés par une haute température, étaient similaires (37,45,264). A partir d'une étude par microscopie électronique (193), il a été suggéré que les ARN 60-70S du RSV sont constitués de deux sous-unités d'ARN 30-40S. En outre, les clichés de microscopie électronique réalisés sur les ARN génomiques extraits de divers rétrovirus (22,144,227) ont montré que deux molécules d'ARN s'associent entre elles pour former un homodimère dans la particule virale.

In situ, les deux sous-unités du dimère ne sont probablement pas liées par des protéines car la structure dimérique de l'ARN subsiste après qu'il ait été extrait du virion et traité par une protéase ou du phénol (22,295). Les deux sous-unités sont certainement associées par des liaisons non covalentes, de type liaison hydrogène, car une incubation à température élevée les dissocie (71,115,116,295). Plusieurs sites d'interaction entre les deux sous-unités du dimère d'ARN génomique ont été observés lorsque l'ARN était extrait du virion et traité dans des conditions relativement douces avant d'être analysé par microscopie électronique (193). En revanche , une seule région de liaison des deux brins d'ARN a été identifiée, par microscopie électronique, dans des conditions où l'ARN extrait du virion était partiellement dénaturé (22,144,227). La structure de liaison correspondant à une interaction 5'-5' a d'abord été nommée RE ("Rabbit Ears") avant d'être appelée DLS "Dimer Linkage Structure" (22,169). Les deux brins apparaissent appariés de façon parallèle sur les clichés de microscopie électronique (Figure 16). L'ensemble de ces résultats suggèrent que chez tous les rétrovirus le site principal de dimérisation est situé dans la partie 5' terminale de l'ARN génomique et fait appel à des appariements de base. Néanmoins, la résolution de la microscopie électronique n'est pas suffisante pour identifier précisément les séquences et les appariements qui forment la DLS.

(A)

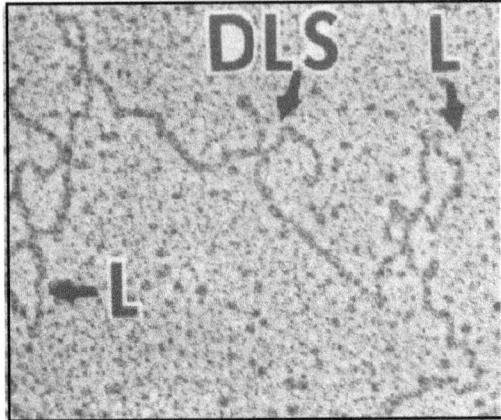

(B)

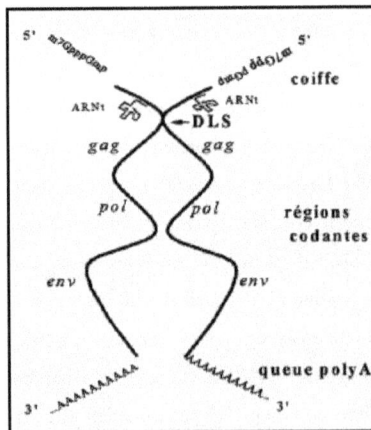

Figure 16 : (A) Cliché de microscopie électronique de l'ARN 70 S de RSV montrant la DLS située dans l'extrémité 5'(227). (B) Représentation schématique du génome dimérique (59).

3.2.2) Maturation de l'ARN dimérique

La première étude suggérant la maturation de l'ARN dimérique a été réalisée sur des particules immatures récoltées cinq minutes après avoir changé le milieu de culture de cellules infectées par le RSV (295). Cette étude suggère que les particules immatures possèdent un ARN dimérique instable dont les sous-unités se dissocient à une température inférieure à celle de l'ARN dimérique présent dans la particule mature infectieuse. D'autres études réalisées avec RSV, Mo-MuLV et VIH-1 montrent aussi que l'ARN dimérique extrait de particules immatures est moins stable que celui extrait des particules matures (115,116,292). La formation du dimère stable nécessite la protéolyse des précurseurs Gag et Gag-pol (115,116,236,292). Il a donc été proposé que, l'ARN viral est probablement sous la forme d'un monomère ou d'un dimère instable lorsqu'il est reconnu par les machineries d'épissage, de traduction et le précurseur Gag au cours de processus d'encapsidation (116). Les études réalisées avec des mutants suggèrent que la formation d'un ARN dimérique stable serait due à l'action de la NC après la protéolyse de Gag (116,205,206).

3.3) Dimérisation spontanée en l'absence de protéine

3.3.1) Reconstitution in vitro de la dimérisation

Une analyse fine des mécanismes moléculaires qui régissent la dimérisation de l'ARN génomique nécessite de pouvoir reproduire ce processus *in vitro*. Comme nous l'avons mentionné, les protéines virales matures ne sont pas requises pour la formation du dimère instable et les deux sous-unités des dimères stables et instables sont liées par des appariements de base. Par conséquent, en l'absence de protéine, il doit être possible de reproduire *in vitro* ces appariements de bases et former ainsi un dimère d'ARN viral. Toutefois, les premiers essais de conversion *in vitro* de monomères en dimères furent des échecs (45,227). Ces essais avaient été réalisés, en l'absence de protéine, avec l'ARN génomique complet qui avait été extrait des virions. La grande taille de l'ARN génomique (en général entre 7 et 10 kb) et la faible quantité d'ARN génomique que l'on pouvait obtenir à partir des particules virales étaient des obstacles à l'étude *in vitro* de la dimérisation. Ainsi, jusqu'à la fin des années quatre vingt, la dimérisation des ARN rétroviraux n'a pas été étudiée. Les premiers systèmes expérimentaux permettant de reconstituer *in vitro* la dimérisation des ARN rétroviraux RSV, Mo-MuLV et VIH-1 furent initiés par l'équipe de J.-L. Darlix (36,71,262). Dans ces systèmes modèles, la dimérisation de l'ARN génomique est mimée par un fragment d'ARN obtenu par transcription *in vitro*. Cet ARN correspond à la partie 5' terminale de l'ARN viral et contient la DLS identifiée par microscopie électronique. Depuis ces études préliminaires, plusieurs équipes ont utilisé des ARN transcrits *in vitro* qui correspondaient aux régions 5' des ARN génomiques des rétrovirus Mo-MuLV (80,274,309), BLV (158), HaSV (102), HFV (99), VIH-1 (12,54,174,194,224), VIH-2 (28,155) et HTLV-1 (131) et dimérisaient spontanément *in vitro* en l'absence de protéine.

3.3.2) Mécanismes de dimérisation spontanée
3.3.2.1) Dimérisation par formation de tétrades de purines

En 1991, l'équipe d'Ehresmann a identifié des séquences riches en purines (194) dans la région 311-415 qui a été définie comme région potentielle de dimérisation-encapsidation chez le VIH-1 (71). Ces auteurs ont aussi montré que chez de nombreux rétrovirus la séquence consensus PuGGAPuA est présente en plusieurs copies en aval du site donneur d'épissage dans la partie 5' terminale de l'ARN génomique. Il a été proposé que ces séquences riches en purines participent au processus de dimérisation du génome rétroviral en formant des tétrades de guanine et d'adénine (194). Ce modèle de dimérisation est compatible avec l'appariement apparemment parallèle des deux brins d'ARN observé par microscopie électronique car il permet la formation de dimères d'ARN grâce a des liaisons inter-brin formées par des tétrades de purines (Figure 17). En outre, plusieurs observations sont plus compatibles avec le modèle des tétrades de purines qu'avec la formation de liaisons Waston-Crick. En effet, (a) l'ARN antisens contenant la séquence 311-415 du VIH-1, ne dimérise pas *in vitro* (194,298) ; (b) le dimère est très stable en présence d'agents dénaturants (urée + formamide) (194) ; (c) des hétérodimères peuvent se former entre l'ARN du VIH-1 et les ARN de RSV ou Mo-MuLV (194) ; (d) la stabilité thermique des dimères de courts fragments d'ARN du VIH-1 dépend de la taille du cation monovalent comme dans le cas des ADN télomériques qui forment des tétrades de guanines (12,194,298) ; (e) un fragment d'ARN du VIH-1 de 98 nucléotides est capable de dimériser spontanément *in vitro* mais la délétion de la séquence GGGGGAGAA située à l'extrémité 3' empêche cette dimérisation (298). L'ensemble de ces résultats suggère que la dimérisation de l'ARN du VIH-1 nécessite la formation de tétrades de guanine dans le cas de l'isolat Lai et de guanine ou d'adénine dans le cas de l'isolat Mal.

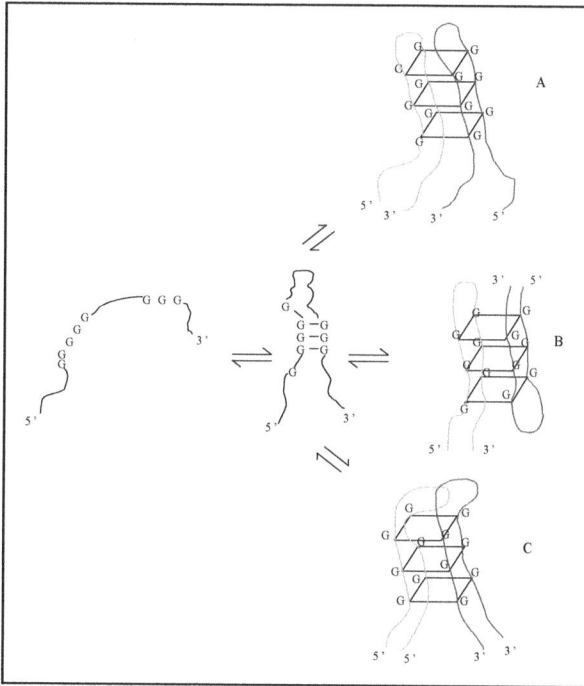

Figure 17. Structures en tétrades de guanine (12). Les polynucléotides qui composent la quadruple hélice peuvent adopter une orientation parallèle (A et C) ou antiparallèle (B).

Néanmoins, dans ces études *in vitro*, la dimérisation a été réalisée en présence d'une forte concentration saline [jusqu'à 1M en XCl (X=K$^+$, Na$^+$ ou Li$^+$) et 50 mM MgCl$_2$ (12,194,298)]. Les conditions utilisées ne correspondent donc pas à des conditions salines physiologiques et ne suffisent pas à affirmer l'existence de tétrades de purines *in vivo*. De plus, le dimère généré *in vitro* par tétrades de guanines (298) a une température de demi-dénaturation très supérieure à celle du dimère extrait des virions VIH-1 (71,298). En outre, la dimérisation de longs ARN correspondant à l'intégralité de l'extrémité 5' de l'ARN du VIH-1 est gouvernée principalement par des séquences, situées en amont du site donneur d'épissage, qui ne contiennent pas les séquences riches en purines (195). Ces résultats ne sont donc pas en faveur du modèle de tétrades de purines. Finalement, une étude de la stabilité thermique de l'ARN dimérique du VIH-1 extrait de virions montre que la température de demi-dénaturation du dimère n'est pas dépendante de la nature du cation monovalent présent dans le milieu d'incubation (115). Ceci suggère que les tétrades de guanine et d'adénine ne sont probablement pas impliquées dans la dimérisation de l'ARN génomique *in vivo*. En outre, les séquences riches en purines dans la région 5' des rétrovirus VIH-2 (28), Mo-MuLV (116) et BLV (158), ne semblent pas, non plus, impliquées dans la dimérisation de l'ARN viral.

3.3.2.2) Dimérisation par formation de liaisons Watson-Crick

Les études *in vitro* de l'équipe de B. et C. Ehresmann (284), ont montré que la dimérisation de l'ARN de l'isolat Mal du VIH-1 est initiée au niveau d'une courte région d'ARN localisée en amont du site donneur d'épissage et que cette région est constituée d'une séquence partiellement autocomplémentaire pouvant former une structure en tige-boucle. Cette séquence a été nommée DIS ("Dimerization Initiation Site"). D'autres études ont identifié la même séquence impliquée dans la dimérisation *in vitro* de l'ARN de l'isolat Lai du VIH-1 (174,224). Le DIS présente une courte séquence autocomplémentaire dans la boucle apicale dont la séquence peut varier selon les isolats. Dans la même période, l'équipe de J. Paoletti a identifié dans l'ARN de Mo-MuLV une tige-boucle dont la boucle apicale est constituée d'une séquence autocomplémentaire qui est aussi responsable de la dimérisation *in vitro* (125). D'autres structures en tige-boucle (Figure 18) présentant en général une séquence palindromique dans le boucle apicale sont responsables de la dimérisation *in vitro* d'ARN transcrits représentant les extrémités 5' des ARN génomiques du HaSV (102), du BLV (158,170), des gammarétrovirus (191) et des alpharétrovirus (109).

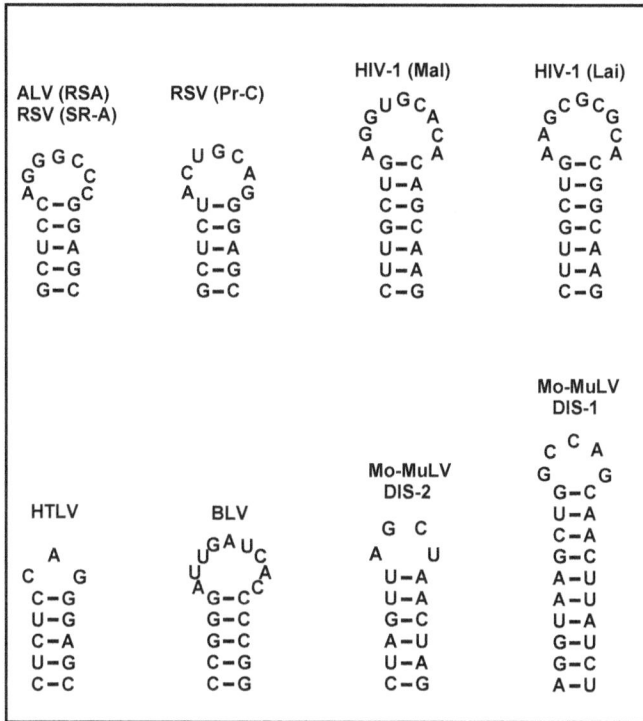

Figure 18. Structures en tige-boucle impliquées dans la dimérisation des ARN rétroviraux.

Le DIS du VIH-1 a fait l'objet de nombreuses études. En l'absence de protéine, l'ARN doit être incubé à 55 °C pour pouvoir former un duplex étendu via le DIS (Figure 19) (173,223). Il a été montré que les sous-unités du dimère formé à 37 °C en l'absence de protéine sont liées par un complexe boucle-boucle et non par un duplex étendu (Figure 19) (173,223,251).

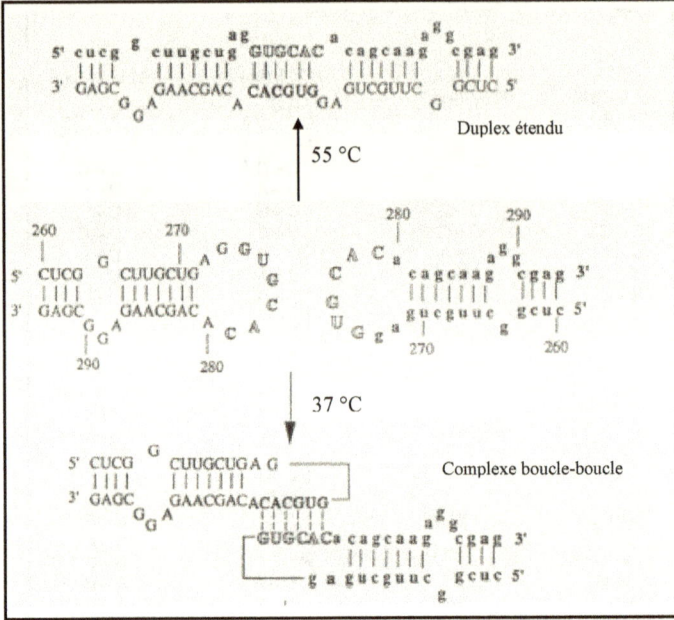

Figure 19. Dimères formés *in vitro* par le DIS du VIH-1.

Chez le VIH-1, deux seulement parmi les soixante quatre possible hexanucléotides autocomplémentaires sont représentés dans la boucle apicale du DIS (250). Cette observation suggère que toutes les séquences autocomplémentaires ne sont pas compétentes pour former un complexe boucle-boucle. De plus, toutes les mutations qui maintiennent les séquences autocomplémentaires ne garantissent pas la formation d'un dimère (54,176,252). Les études de sélection *in vitro* (186) ont montré que : a) les deux nucléotides centraux ont une influence importante sur la stabilité du complexe boucle-boucle car ils constituent probablement le point de nucléation de la dimérisation ; b) une boucle composée de 9 nucléotides, dont 6 auto-complémentaires, possède la taille optimale pour l'interaction boucle-boucle (187). Il est à noter que les trois purines qui sont adjacentes à la séquence auto-complémentaire (Figure 19) sont très fortement conservées. La délétion ou la substitution de nucléotides non appariés dans la boucle apicale altère fortement la dimérisation (54,252). Les structures du complexe boucle-boucle et du duplex étendu formés par le DIS du VIH-1 ont été étudiés par RMN et cristallographie (97,98,124,164,219,220). Ces études ont utilisé des ARN de 23 nucléotides correspondant à la partie supérieure du DIS. La conception d'inhibiteurs de la dimérisation de l'ARN génomique du VIH-1 est facilitée par la détermination par RMN et cristallographie des structures du DIS dans le complexe boucle-boucle et le duplex étendu. Les similitudes de structure entre le DIS et le site aminoacyl de l'ARNt ribosomal (Figure 20) à amener à découvrir que les aminoglycosides se fixent sur le DIS avec une grande affinité et spécificité (95,96,202). Des inhibiteurs de la dimérisation devraient diminuer la fréquence de recombinaison et ainsi inhiber la genèse de souches résistantes aux antirétroviraux.

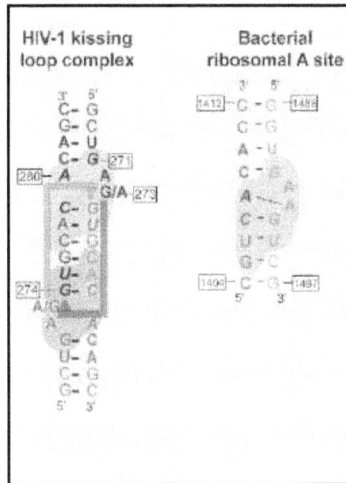

Figure 20. Similitudes de structure entre le DIS et le site aminoacyl de l'ARNt ribosomal (95).

Les travaux des équipes de J. Paoletti et G. Lancelot réalisés avec l'ARN 23 mer suggèrent la transition du complexe boucle-boucle en duplex étendu par dénaturation de la tige sans dissociation de l'interaction boucle-boucle (308). La fusion intramoléculaire des bases de la tige se produirait de la paire de bases la plus proche de la région boucle-boucle vers l'extrémité de la tige (308). Les paires de bases impliquées dans l'appariement boucle–boucle resteraient appariées pendant le changement conformationnel. D'autres études réalisées par RMN (221) et fluorescence (272) suggèrent aussi le passage de dimère instable en dimère stable sans dissociation de l'appariement boucle-boucle. L'équipe de P. Dumas (97), propose le passage d'une forme à une autre par double transestérification (Figure 21). Ce mécanisme repose sur la présence de résidus extra-hélicaux qui peuvent être à l'origine de coupures sur les brins d'ARN, notamment si la réaction est catalysée par des ions métalliques (148). La flexibilité introduite dans la chaîne d'ARN par le résidu non apparié permet d'obtenir, de manière transitoire, une structure en ligne favorable à la coupure. Ce type de structure avec des adénines extrahélicales et possédant la capacité d'un tel clivage a pu être mis en évidence par cristallographie (307).

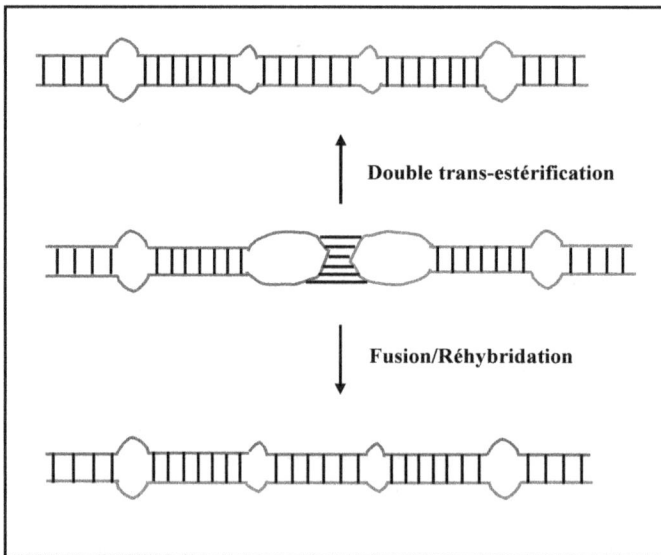

Figure 21. Deux voies pour la formation du duplex étendu.

3.4) Dimérisation en présence de la NC

3.4.1) La NC facilite in vitro la dimérisation des ARN rétroviraux

La dimérisation des ARN rétroviraux est facilitée *in vitro* par les NC (36,71,262,276). Le degré d'activation de la dimérisation est corrélé à la quantité de protéine ajoutée. Cette activité est spécifique de la NC puisque d'autres protéines virales ou non virales n'accélèrent pas la dimérisation de l'ARN de RSV (36).

3.4.2) La NC génère des dimères stables in vitro

Les travaux de l'équipe de A. Rein ont montré qu'*in vitro* la NC permet la maturation d'un court ARN (101). En effet, une NC recombinante ou synthétique du VIH-1 permet la conversion d'un ARN monomérique du HaSV (345 nt) en un ARN dimérique stable. Cette conversion a aussi été montrée dans un système homologue utilisant la NCp7 et des ARN transcrits *in vitro* répresentant l'extrémité 5' du génome du VIH-1 (222). Une autre étude *in vitro* suggère que la NCp10 du Mo-MuLV stabilise légèrement l'ARN dimérique (126).

3.4.3) Mécanismes de dimérisation en présence de NC

Sachant que le site de dimérisation se situe dans la même région que la séquence ψ d'encapsidation (3,52,140,183), Sakaguchi et al. (276) ont montré qu'un ARN de 44 nucléotides correspondant à une partie de la région Ψ du VIH-1 forme un dimère *in vitro* en présence de NCp7. Ces auteurs ont proposé un modèle dans lequel chaque 44 mer forme deux structures en tige-boucle qui sont liées par des appariements Waston-Crick dans le dimère (Figure 22). Dans ce modèle une molécule de NC est fixée sur chaque paire de tige-boucle, un des doigts de zinc de la protéine fixant la première tige-boucle et l'autre la deuxième. Néanmoins, ce modèle est critiquable sur deux points : a) l'utilisation d'un si court fragment d'ARN ne nous renseigne pas sur la pertinence du modèle dans un ARN rétroviral plus long ; b) il semble peu probable que ce court appariement, uniquement composé de paires de bases A-U, soit suffisamment stable pour avoir une température de demi-dénaturation de l'ordre de 50 °C comme celle décrite pour l'ARN génomique du VIH-1 (71,115).

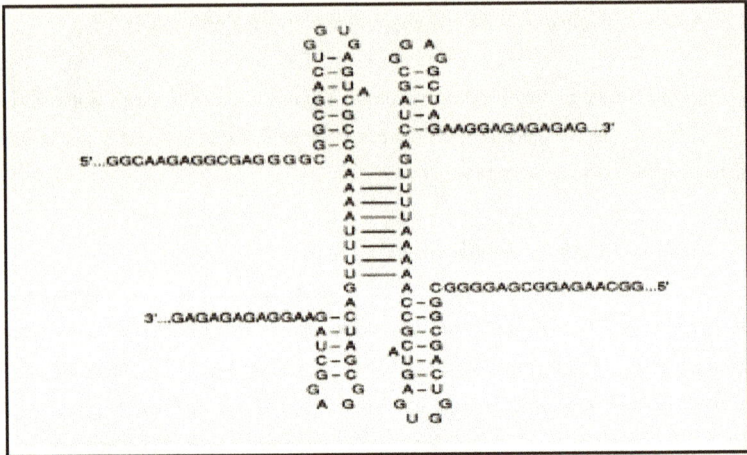

Figure 22. Modèle de la DLS de l'ARN du VIH-1 : Un appariement antiparallèle de huit paires de bases liant deux tiges-boucles au niveau d'une partie de la séquence Ψ du VIH-1 (276).

Les travaux de l'équipe de J. Paoletti (222) suggèrent fortement que le dimère instable est converti en dimère stable par la NCp7 (Figure 23). Cette conversion n'est possible que si la structure en tige boucle du DIS est présente dans l'ARN viral. Récemment, il a été montré qu'en présence de MgCl$_2$ la transition dirigée par la protéine de nucléocapside est favorisée par la protonation d'une adénine non appariée dans la boucle apicale du DIS (207). *In vivo*, la relation entre dimère stable et duplex étendu n'a pas été démontrée. Il a été montré que les délétions de la boucle interne B et de la tige B situées à la base de la tige-boucle (Figure 23) diminuent le pourcentage de dimère dans le virion, mais n'altèrent pas sa stabilité thermique (283). Ce travail avec celui de l'équipe de G. Kawai (303), qui a montré qu'*in vitro* la délétion de la boucle interne B ne permet pas la formation du duplex étendu, suggèrent que la formation d'un dimère stable *in vivo* ne nécessite pas la formation d'un duplex étendu au niveau du DIS. De plus, la transition du complexe boucle-boucle vers un duplex étendu dans le contexte de l'ARN génomique entier pourrait poser un problème topologique *in vivo* (250).

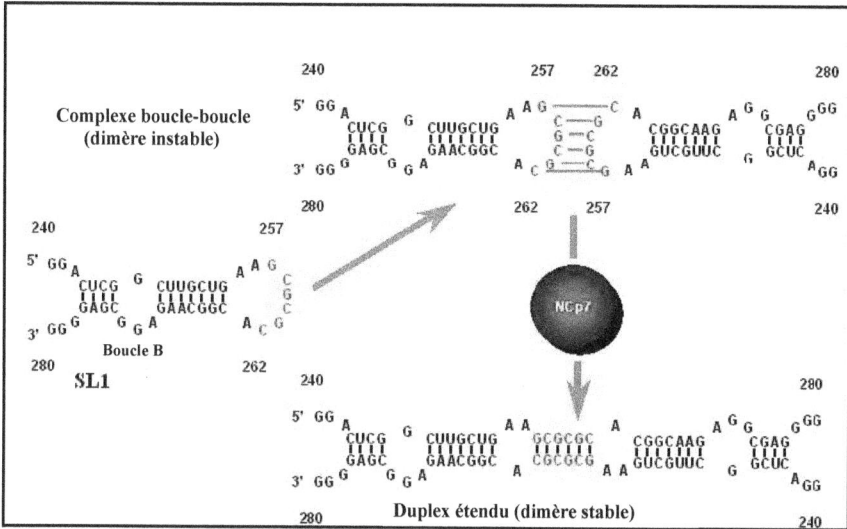

Figure 23. Modèle de conversion du dimère instable en dimère stable par la NCp7 (222).

3.5) Etat des connaissances sur la dimérisation de l'ARN génomique des alpharétrovirus

3.5.1) Dimérisation de l'ARN génomique in vivo

3.5.1.1) <u>Monomères ou dimère instable encapsidé dans la particule immature ?</u>

Les premières études rapportent que l'ARN extrait de particules virales venant de bourgeonner est monomérique alors que celui extrait de virions ayant été incubés est dimérique (45,51). Cependant, les travaux de Stoltzfus montrent que les jeunes virions contiennent des dimères fragiles qui sont spontanément dissociés si l'extraction est réalisée en présence de phénol avec 0,1 M NaCl (295). La stabilité du dimère augmente en fonction de l'âge du virion (295). Plusieurs travaux ont montré que la présence d'ARN dimérique stable dans le virion mature nécessite l'activité de la protéase virale (PR). Une population de particules virales immatures peut être obtenue en mutant la protéase. L'analyse de l'ARN génomique isolé de ces particules donne des résultats ambigus. Une équipe a identifié un mélange d'ARN monomérique et dimérique (292), tandis que deux autres équipes n'ont obtenu que des ARN monomériques

(236,246). Ces différents résultats pourraient être expliqué par la concentration d'EDTA utilisée dans la solution d'extraction de l'ARN. En effet, la stabilité du dimère instable formé *in vitro* dépend de la concentration en Mg^{2+} du milieu (260). Or les équipes qui rapportent la présence de dimères dans les virions immatures (292,295) sont celles qui utilisent la plus faible concentration d'EDTA. Il est donc possible que les virions immatures contiennent des dimères instables associés par une ou plusieurs interactions boucle-boucle.

3.5.1.2) La NCp12 est nécessaire à la formation d'un dimère stable

Si le statut de l'ARN dans les virions immatures est encore controversé, il est communément admis que les particules matures infectieuses contiennent un ARN dimérique stable (51,246,254,295). Des travaux suggèrent fortement que la formation du dimère stable est due à l'action de la NCp12 qui est libérée après le clivage du précurseur Gag. En effet, le mutant Pr-C1 de RSV, qui comporte une insertion de deux acides aminés dans le premier doigt de zinc de la NCp12, ne possède plus que 50 % de son ARN génomique sous forme dimérique (205,206). Les réarrangements des motifs CCHC de la NCp12 conduisent à la production de virions avec un ARN génomique dégradé ou ne contenant que de l'ARN viral sous forme monomérique (39).

3.5.2) Caractérisation des séquences liant les sous-unités du dimère stable

3.5.2.1) ARN dimérique extrait des virions

Les premières observations réalisées au moyen de la microscopie électronique de l'ARN du RSV légèrement dénaturé suggèrent que la forme 60-70S est formée de deux sous-unités 30-40S liées en plusieurs points (193). De plus, l'ARN dimérique extrait des particules matures et coupé par une RNase, présente un profil de dénaturation par la chaleur qui est compatible avec plusieurs interactions liant les deux brins d'ARN (246). Le point de contact le plus stable entre les deux brins d'ARN a été identifié par microscopie électronique en étudiant l'ARN viral déprotéinisé et partiellement dénaturé. Ce point se situe au niveau de l'extrémité 5' et correspond à la DLS (227). Par microscopie électronique et en utilisant un ARN étalon dont le nombre de paires de bases est connu, Murti *et al* (227) ont estimé que la DLS est située à 511+/- 28 nt de l'extrémité 5'. Lors du séquençage de génome du RSV, il a été noté la présence d'une séquence répétée imparfaite dans la région 521-548. Cette séquence qui est bien conservée parmi les alpharétrovirus a été proposée comme étant la DLS (280).

3.5.2.2) ARN dimérique formé *in vitro*

Pour localiser plus précisément le site de dimérisation, des ARN transcrits *in vitro* correspondant à l'extrémité 5' du génome et contenant la DLS ont été étudiés. La première étude (36) suggère que deux séquences sont importantes pour la dimérisation de l'ARN génomique des alpharétrovirus : la séquence 208-270 et la séquence 544-564 qui est proche de la DLS observée par microscopie électronique. Ces résultats sont discutables car ils proviennent de l'étude d'ARN transcrits dont les 63 premiers nucléotides sont non viraux. Ces nucléotides supplémentaires pourraient induire des repliements artéfactuels. La séquence 544-564 semble impliquée dans la liaison des deux brins d'ARN formant le dimère car des oligonucléotides complémentaires de cette séquence s'hybrident très peu à la forme dimérique. Toutefois, une autre hypothèse est que la séquence 544-564 ne fixe pas les oligonucléotides dans le dimère car elle est engagée dans des interactions intramoléculaires (109). En outre, une étude *in vitro* réalisée par Fossé *et al.* (109) a montré que des oligonucléotides ciblant les séquences 521-548 (DLS putative) et 544-564 se fixent sur le dimère d'ARN 1-626 d'ALV et n'inhibent pas sa dimérisation.

Une autre étude *in vitro* rapporte que la séquence 544-564 n'est pas indispensable à la dimérisation (178). Toutefois, cette étude identifie deux autres signaux de dimérisation qui chevauchent la DLS putative. Un signal situé dans la région 531-634, impliquerait un appariement Waston-Crick d'une séquence inversée répétée imparfaite et l'autre signal serait situé dans la région 496-530. Il faut souligner que dans cette étude les conditions salines utilisées (250 mM NaCl et 50 mM MgCl$_2$) sont éloignées des conditions physiologiques et ne permettent qu'une très faible dimérisation de l'ARN 1-634 du RSV. Finalement, une étude a montré que la délétion des nucléotides 485-634 est sans effet sur la dimérisation de l'ARN 1-848 du RSV (119). La position de la DLS ne semble donc pas être autour de la position 511 comme cela été estimé par microscopie électronique (227)

Les travaux *in vitro* de P. Fossé (109) ont confirmé que la région 208-270 est nécessaire et suffisante à la dimérisation de l'ARN 1-626 qui représente les 626 premiers nt de l'extrémité 5' du génome d'ALV. En effet, dans des conditions salines physiologiques, la séquence partiellement autocomplémentaire 258-274 est essentielle pour la dimérisation de l'ARN 1-626. Ces résultats ont été confirmés par une autre équipe qui a montré que la délétion des nucléotides 219-296 supprime la dimérisation *in vitro* de l'ARN 1-848 du RSV (119). La séquence 258-274 forme la tige-boucle apicale d'une longue tige-boucle nommée L3 (135). Cette tige-boucle contient trois tiges, deux boucles internes et une séquence palindromique dans la boucle apicale (Figure 24). Les analyses phylogénétiques ont montré que la structure en tige-boucle du L3 est conservée chez les alpharétrovirus (17,135) et que la séquence palindromique est aussi conservée (109). Ces résultats suggèrent fortement que la tige-boucle L3 possède une fonction biologique. *In vivo*, la délétion de L3 réduit considérablement l'infectivité virale et un mécanisme de sélection existe pour maintenir la séquence palindromique dans la boucle apicale de L3 (90). Ce palindrome a la capacité de former une interaction boucle-boucle intermoléculaire (260). Ces résultats suggèrent que le palindrome joue un rôle dans la dimérisation de l'ARN génomique des alpharétrovirus. Il est intéressant de noter que la NCp12 extraite des virions est incapable de générer *in vitro* un ARN dimérique lorsque l'ARN est deleté de la séquence 208-270 (36). A notre connaissance, il n'a pas encore été déterminé si la tige-boucle L3 est impliquée dans le processus de dimérisation qui conduit la NCp12 à générer un ARN dimérique stable. L'objectif général de mon travail de thèse a donc été de déterminer les rôles de la NCp12 et du domaine L3 dans la formation d'un ARN dimérique stable.

RESULTATS

1) Caractérisation des ARN dimériques générés par la NCp12

L'ensemble des résultats portant sur cette caractérisation a fait l'objet d'un article publié dans "Journal of Molecular Biology" et présenté à la fin de ce manuscrit.

Nous avons d'abord montré que, *in vitro* à 37 °C et dans les conditions salines physiologiques, la NCp12 permet la formation d'ARN dimériques stables via L3. Afin d'identifier les séquences et structures dans L3 qui gouvernent la formation des dimères stables, nous avons utilisé la mutagénèse dirigée, analysé la thermostabilité des ARN dimériques, et développé un système expérimental fondé sur la formation d'hétérodimères. Notre étude a montré que les sous-unités des dimères stables générés par la NCp12 sont liées par un duplex étendu. Dans ce duplex, est engagée la séquence 258-274 qui forme la tige-boucle apicale du L3 dans l'ARN monomérique sauvage (Lwt dans la Figure 24). En revanche, la partie inférieure de la tige-boucle L3 n'est pas impliquée dans la liaison des sous-unités des dimères stables. De plus, la modélisation tridimensionnelle du duplex étendu suggère que les contraintes structurales ne s'opposent pas à sa formation.

2) Etude du mécanisme de dimérisation

2.1) Rôles des interactions NCp12/L3 et boucle-boucle dans la formation d'un dimère stable

Les résultats de cette étude sont présentés dans l'article et sont résumés ici. Au moyen de gels retards nous avons comparé l'affinité de la NCp12 pour L3 avec son affinité pour μΨ. Nos résultats montrent que l'affinité de la NCp12 pour μΨ est plus élevée que son affinité pour L3. De plus, nous avons montré que la fixation de la NCp12 sur L3 n'est pas diminuée par des mutations dans la boucle apicale qui suppriment ou réduisent d'environ 50% la formation de dimères stables. Nous avons montré que des mutations, qui réduisent très fortement ou suppriment l'interaction boucle-boucle, n'empêchent pas la formation d'ARN dimériques stables en présence du NCp12. Par conséquent, la NCp12 n'exige par l'existence de l'interaction boucle-boucle pour générer le duplex étendu.

2.2) Rôles de la boucle interne B et de la tige apicale

Nos résultats suggèrent que la déstabilisation de la tige apicale par la NCp12 est suffisante pour permettre à L3 de former un duplex étendu. Nos hypothèses sont que la déstabilisation résulte de la fixation de la NCp12 sur la boucle interne B et/ou sur la boucle apicale et est aussi due à l'existence d'une courte tige apicale (5 paires de bases). Pour tester ces hypothèses nous avons construit trois mutants (voir Matériel et Méthodes) qui sont présentés en Figure 24. Trois autres mutants avaient aussi été conçus, mais après de multiples essais je ne suis pas arrivé à les construire pour une raison que nous n'avons pas pu déterminer. L'importance de la boucle B a été examinée par l'analyse du mutant Ld3lB, qui comporte une délétion complète de la boucle à l'exception de l'adenine 247 qui est sensée représenter un point de déstabilisation dans la structure de Ld3lb. En effet, les travaux de l'équipe de Y. Mély (20) ont montré que des "bulges" constitués d'un seul nucléotide sont suffisants pour permettre à la NC du VIH-1 de déstabiliser une tige. Pour connaître la taille maximale de la tige apicale pouvant être ouverte par la NCp12 lors de la formation du duplex étendu, les mutants a1sc et a2sc, constitués d'une tige C allongée respectivement de 2 et 5 paires de bases ont été construits. Nous avons choisi d'étudier des mutants possédant une tige apicale longue de 7 ou 10 paires de bases car les études réalisées avec la NCp7 suggèrent que les NC ne sont pas capables d'ouvrir des tiges ayant une longueur supérieure à 8 paires de bases (184).

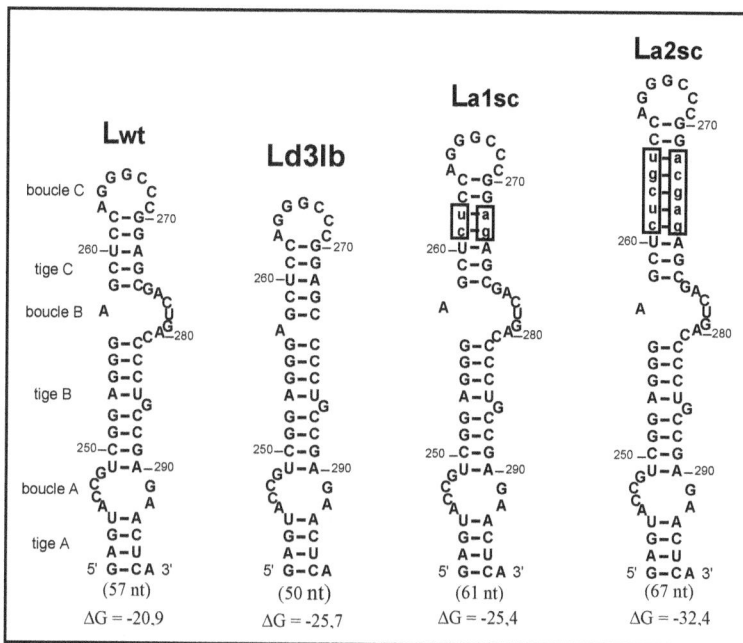

Figure 24. Structures des ARN utilisés dans la deuxième partie de l'étude. Le programme mfold a été utilisé pour prédire la structure secondaire la plus stable pour chaque ARN. La numérotation des bases correspond à la séquence sauvage, le +1 se référant au site cap de l'ARN génomique. La séquence sauvage est indiquée en lettre majuscule. Les mutations sont en lettres minuscules et encadrées. Les valeurs de ΔG sont en kcal/mol.

2.2.1) Essais de dimérisation en l'absence de NCp12

La capacité de dimérisation des différents mutants a d'abord été testée en absence de la NCp12 et comparée à celle de l'ARN sauvage. Le statut de l'ARN est analysé par électrophorèse sur gel d'agarose dans deux tampons qui diffèrent par la présence ou l'absence de MgCl₂. Lors d'une migration à 4 °C sur un gel d'agarose dans le tampon TBM contenant du MgCl₂ à une concentration de 0,1mM, aussi bien les ARN mutés que le sauvage présentent des profils identiques correspondant à la migration d'un ARN dimérique (Figure 25 (A)). Ces dimères sont qualifiés d'instables puisqu'ils disparaissent lorsqu'ils sont analysés par électrophorèse à 25 °C sur un gel d'agarose TBE ne contenant pas de MgCl₂. En effet, après migration tous les ARN sont majoritairement sous forme monomérique (Figure 25 (B)). Ces résultats à la lumière de nos études sur L3 [(260) et article présenté dans ce manuscrit] indiquent que les dimères instables sont liés par l'interaction boucle C-boucle C. Par conséquent, nos résultats sont en faveur de la conservation de la tige-boucle apicale et sont compatibles avec les longues structures en tige-boucle prédites par mfold pour les ARN mutés (Figure 24). En outre, une étude réalisée en parallèle dans notre laboratoire a montré que les profils de réactivités aux RNases sont compatibles avec les structures secondaires proposées pour les mutants.

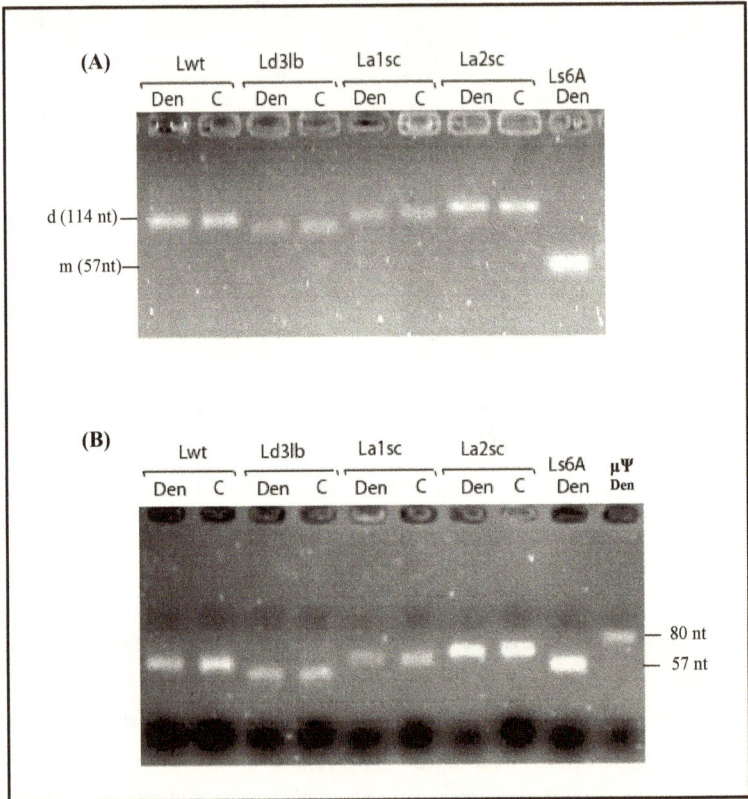

Figure 25. Dimérisation en absence de la NCp12. (A) Analyse de la dimérisation par électrophorèse à 4 °C sur gel d'agarose en TBM (45 mM Tris-borate ; 0,1mM MgCl$_2$). m : monomère, d : dimère. (B) Analyse de la dimérisation par électrophorèse à 25 °C sur gel d'agarose en TBE (45 mM Tris-borate ; 1 mM EDTA). Les ARN sont visualisés au moyen du

BET. Les ARN Ls6A et μΨ ne dimérisent pas et servent de marqueurs de taille (57 et 80 nt respectivement).

2.2.2) Essais de dimérisation en présence de NCp12

Comme prévu l'ARN Lwt est complètement sous forme d'un dimère stable après avoir été incubé avec la NCp12 au rapport 1 protéine pour deux nucléotides (Figure 26, piste 1). Ce résultat confirme que la NCp12 est active dans l'essai de dimérisation. En revanche, la NCp12, même au rapport deux protéines par nucléotide, est incapable de faire dimériser l'ARN Ld3lb (Figure 26, piste 8). La boucle interne B doit donc être présente pour que la NCp12 puisse générer le duplex étendu.

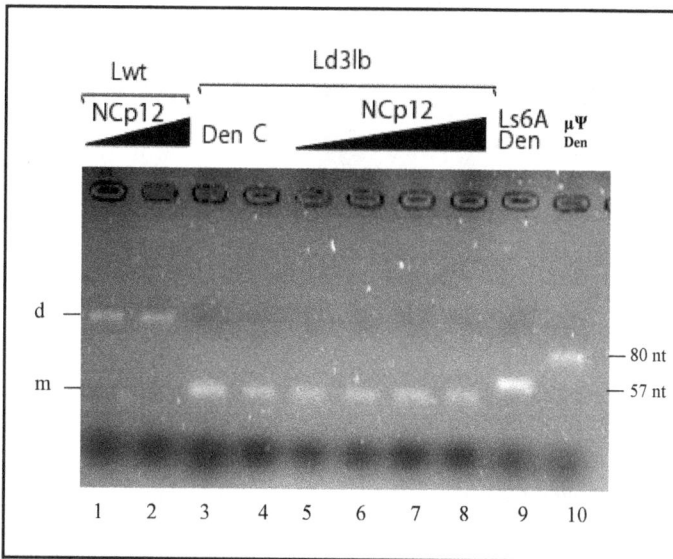

Figure 26. Essais de dimérisation du mutant Ld3lb en présence de concentrations croissantes en NCp12. L'ARN Ld3lb a été incubé à 37 °C en absence (piste 4) ou en présence de NCp12 (pistes 5-8) dans les conditions décrites dans Matériel et Méthodes. Les rapports NC : nt testés dans les pistes 5-8 ont été respectivement de 1:4, 1:2, 1:1 et 2:1. L'ARN Lwt a été incubé à 37 °C en présence de la NCp12 aux rapports 1:2 et 2:1 (pistes 1 et 2). Les essais Den (pistes 3, 9 et 10) correspondent à des ARN qui sont monomériques après un traitement dénaturant par la chaleur.

En présence de concentrations croissantes de NCp12, le mutant La1sc forme peu de dimères stables et reste majoritairement sous forme monomérique (Figure 27, pistes 5-8). Ce résultat suggère que l'allongement de la tige apicale par deux paires de bases est suffisant pour inhiber fortement sa déstabilisation par la NCp12. En accord avec cette hypothèse, la NCp12 est incapable de générer un dimère stable lorsque la tige apicale est allongée par cinq paires de bases (Figure 27, pistes 11-14).

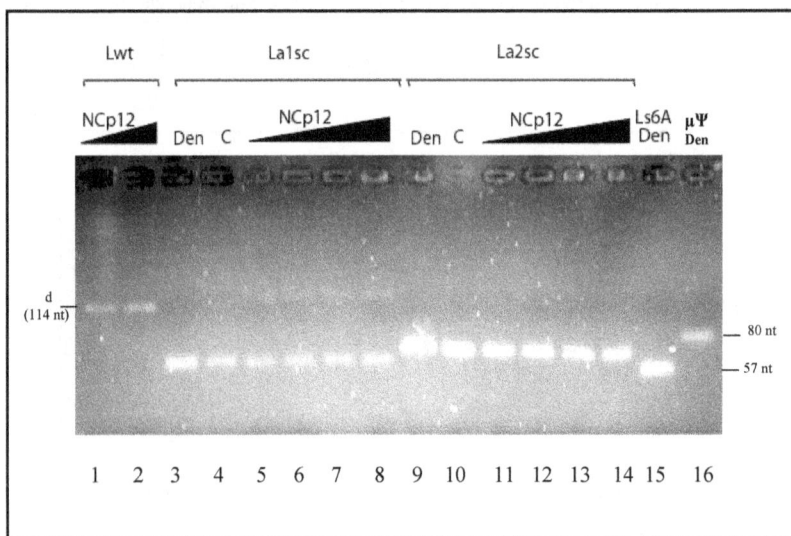

Figure 27. Essais de dimérisation en présence de NCp12 des mutants La1sc et La2sc.

Les ARN La1sc et La2sc ont été incubés à 37 °C en absence (pistes 4 et 10) ou en présence de NCp12 (pistes 5-8 et 11-14) dans les conditions décrites dans Matériel et Méthodes. Les rapports NC : nt testés dans les pistes 5-8 et 11-14 ont été respectivement de 1:4, 1:2, 1:1 et 2:1. L'ARN Lwt a été incubé à 37 °C en présence de la NCp12 aux rapports 1:2 et 2:1 (pistes 1 et 2). Les essais Den correspondent à des ARN qui sont monomériques après un traitement dénaturant par la chaleur.

2.2.3) Récapitulation des résultats

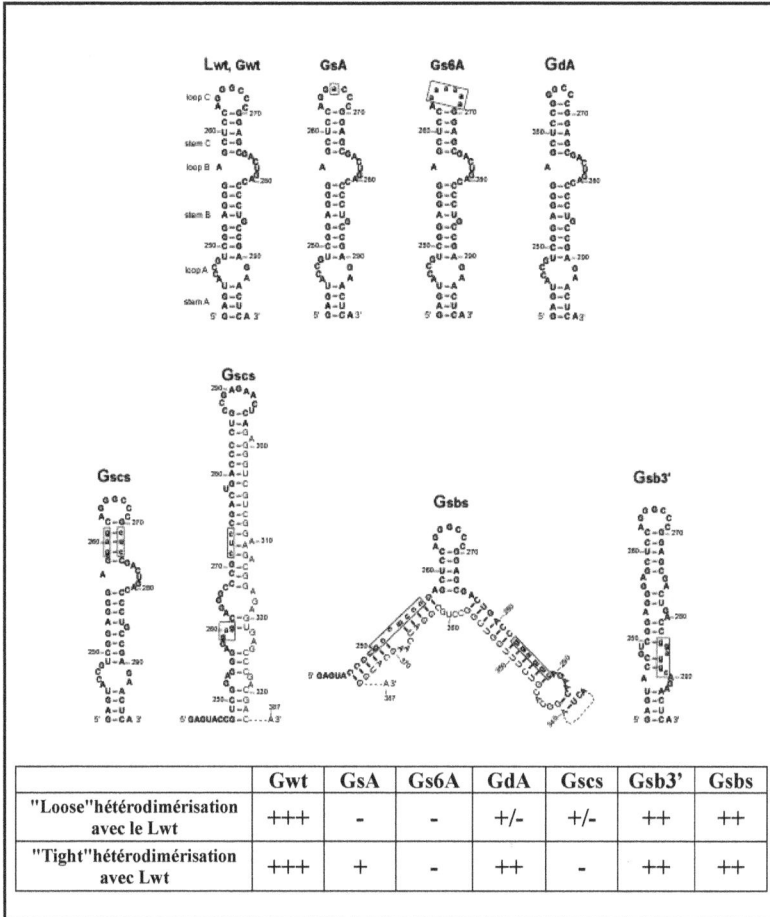

	Gwt	GsA	Gs6A	GdA	Gscs	Gsb3'	Gsbs
"Loose" hétérodimérisation avec le Lwt	+++	-	-	+/-	+/-	++	++
"Tight" hétérodimérisation avec Lwt	+++	+	-	++	-	++	++

Figure 28. Tableau récapitulatif des résultats obtenus avec les ARN G testés pour l'hétérodimérisation avec l'ARN L wt. Les résultats présentés sont dans l'article publié.

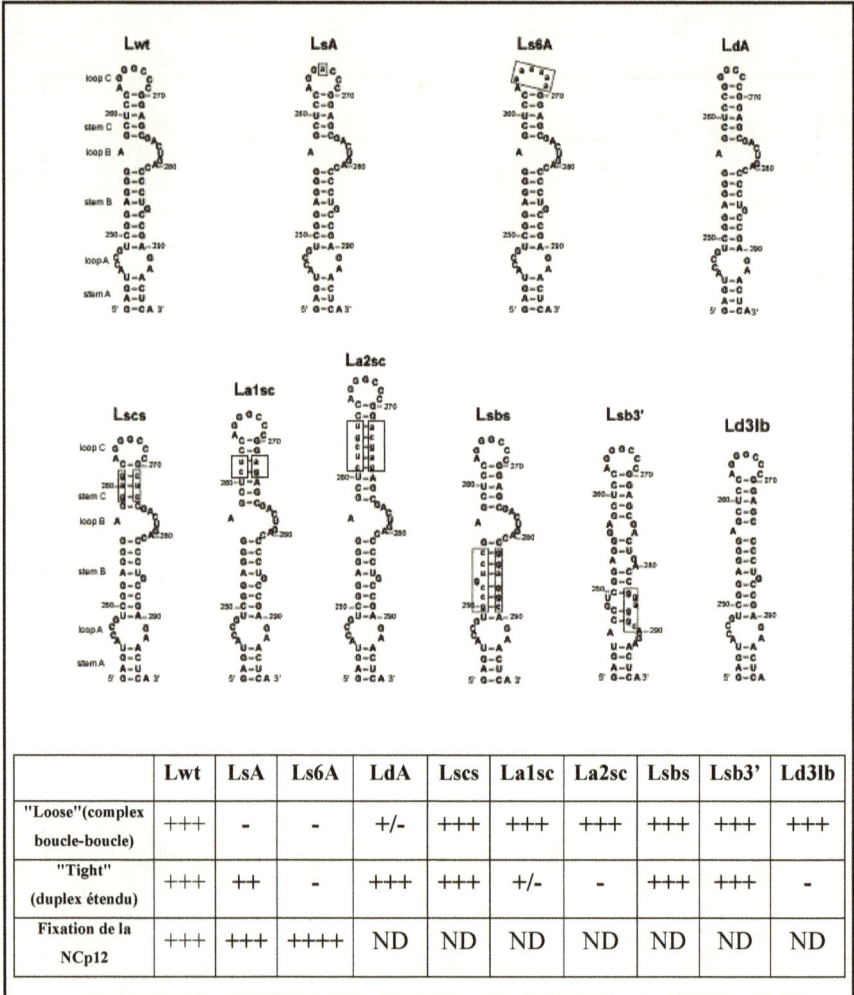

	Lwt	LsA	Ls6A	LdA	Lscs	La1sc	La2sc	Lsbs	Lsb3'	Ld3lb
"Loose"(complex boucle-boucle)	+++	-	-	+/-	+++	+++	+++	+++	+++	+++
"Tight" (duplex étendu)	+++	++	-	+++	+++	+/-	-	+++	+++	-
Fixation de la NCp12	+++	+++	++++	ND	ND	ND	ND	ND	ND	ND

Figure 29. Tableau récapitulatif des résultats obtenus avec les ARN L testés pour l'homodimérisation et la fixation avec la NCp12. les résultats présentés sont dans l'article publié et dans ce document. ND : non déterminé.

DISCUSSION

1) Rôle du L3 dans la dimérisation de l'ARN génomique des alpharétrovirus

1.1) L3 est un site de dimérisation stable en présence de NCp12

Jusqu'à mon travail de thèse, il n'avait pas été déterminé si la NCp12 est capable de générer des ARN dimériques stables via la tige-boucle L3. Au moyen d'essais *in vitro* réalisés avec une NCp12 synthétique et des ARN contenant L3, nous avons montré que la tige-boucle L3 est un site de dimérisation stable en présence de NCp12. La NCp12 synthétique possède probablement les mêmes propriétés d'interactions avec l'ARN que la NCp12 naturelle car elle lie fortement l'ARN µΨ qui représente le domaine minimal d'encapsidation. Le processus de dimérisation stable induit par la NCp12 est spécifique de la séquence et de la structure de l'ARN. En effet, l'ARN µΨ ne forme pas de dimères stables en présence de la NCp12 bien qu'il lie fortement cette protéine. La dimérisation de l'ARN Lsb3' en présence de NCp12 (Figures 1 et 4 de l'article) montre que la structure secondaire de la tige-boucle L3 n'a pas besoin d'être strictement conservée pour permettre la formation d'un dimère stable. De plus, la formation d'un hétérodimère stable entre l'ARN Lwt et l'ARN Gsbs (Figures 1 et 4 de l'article) suggère que la tige-boucle apicale est le déterminant structural le plus important dans le processus de dimérisation dépendant de la NCp12.

1.2) Un duplex étendu est la structure qui lie les deux sous-unités du dimère stable

La formation d'un ARN dimérique stable via L3 aurait pu résulter de la formation d'un duplex étendu ou d'un duplex très étendu (Figure 3 de l'article). Pour trancher entre ces deux possibilités, les effets produits par des mutations dans la tige-boucle apicale et la tige B ont été analysés par des essais d'hétérodimérisation et de thermostabilité. L'ensemble des résultats suggère fortement que le duplex étendu est la structure qui lie les deux sous-unités du dimère stable induit par la NCp12. En effet, les mutations qui empêchent la formation d'un duplex très étendu entre l'ARN sauvage et le sbs ou sb3', n'empêchent en aucun cas l'hétérodimérisation des ARN et n'influencent pas la stabilité des hétérodimères formés (Figures 1, 4 et 5 de l'article). En revanche, les mutations s6A et scs qui provoquent la perte de six paires de bases dans le duplex étendu empêchent l'hétérodimérisation avec l'ARN sauvage (Figure 4 de l'article). Finalement, une délétion ponctuelle (mutant dA) ou une seule substitution (mutant sA) qui stabilise ou déstabilise respectivement le duplex étendu change la thermostabilité du dimère stable. Il semble surprenant que la mutation sA n'empêche pas la formation d'un homodimère stable (Figure 2 de l'article) malgré qu'elle introduit dans le duplex étendu deux mésappariements (A-C) au niveau de deux nucléotides adjacents. Une interprétation possible est que ces mésappariements ont été stabilisés par les paires de bases G-C adjacentes. Une autre interprétation possible est que la séquence $_{263}$AGGACCC$_{269}$ ne forme pas deux mais trois mésappariements (A$_{263}$-C$_{269}$; A$_{266}$-A$_{266}$; C$_{269}$-A$_{263}$) qui sont chacun encadrés par deux paires G-C. D'une façon similaire, la séquence DIS du VIH-1, est capable de former un duplex étendu en présence de la mutation C 275 qui introduit deux mésappariements A-C au sein du duplex étendu (32).

1.3) Relations entre les propriétés *in vitro* du L3 et son rôle *in vivo*

Dans ce travail, on a montré que l'affinité de la NCp12 est beaucoup plus importante pour l'ARN µΨ que pour l'ARN L3. Ce résultat supporte l'hypothèse que la tige-boucle L3 ne joue pas un rôle important dans l'encapsidation spécifique de l'ARN génomique tandis que les interactions entre le domaine NC du précurseur Gag-Pro et le µΨ sont cruciaux dans le processus d'encapsidation (17,335,336). Il est intéressant de noter qu'une mutagénèse dirigée empêchant les séquences du L3 de former les tiges A et B, et donc aussi de former le duplex très étendu, n'a pas d'effet sur la réplication du virus (90)

La valeur de Tm de l'ARN dimérique extrait des virions d'ALV est d'environ 55 °C (246), valeur qui est très proche de celle du Tm du duplex étendu (53 °C) qui a été déterminé dans des conditions salines similaires. La modélisation moléculaire (Figure 8 de l'article) suggère que les contraintes structurales liées aux repliements de la séquence L3 ne s'opposent pas à la formation du duplex étendu. Il est donc possible que le duplex étendu correspond au DLS qui a été observée par microscopie électronique (227). Une hypothèse attractive est que le duplex étendu formé par l'appariement L3-L3 induit un repliement correct de l'ARN dimérique et facilite ainsi la synthèse d'ADNc par la RT. En accord avec cette hypothèse, la synthèse d'ADNc *in vivo* est fortement réduite avec un mutant du RSV qui ne peut pas former un ARN dimérique mature (254). Il faut souligner que des mutations dans le DIS du VIH-1 altèrent aussi la synthèse d'ADN (249).

2) Mécanisme de dimérisation

2.1) Rôle de l'interaction boucle-boucle

La formation des dimères instables en absence de la NCp12 (Figure 7 de l'article) est due à l'interaction boucle C-boucle C. La formation du complexe boucle C-boucle C n'est pas suffisante pour permettre à la NCp12 de générer un dimère stable. En effet, les ARN Ld3lb et La2sc ne forment pas de dimères stables en présence de NCp12 (Figures 26 et 27) bien qu'ils soient aussi efficaces que le sauvage pour former un complexe boucle-boucle (Figure 25). La majorité des molécules d'ARN Gscs ne forment pas d'homodimères instables (Figure 7 b de l'article) via le complexe boucle-boucle car elles adoptent une conformation dans laquelle la tige-boucle C n'est pas formée (Figure 1 d de l'article). Toutefois, l'ARN Gscs est principalement sous la forme d'un homodimère stable après incubation avec la NCp12 (Figure 4 c de l'article). Bien que la mutation dA n'inhibe que légèrement la formation d'un hétérodimère stable avec l'ARN sauvage (Figure 4 b de l'article), elle inhibe très fortement la formation d'un hétérodimère instable (Figure 7 c de l'article). Finalement, la mutation sA inhibe complètement la formation d'un dimère instable (Figure 7 c de l'article) en supprimant l'interaction boucle-boucle mais elle n'inhibe qu'à environ 50% la formation d'un dimère stable (Figure 2 de l'article). L'ensemble de ces résultats montre que la NCp12 n'a pas besoin de l'interaction boucle-boucle pour générer le duplex étendu. On ne peut cependant pas exclure l'hypothèse que dans le contexte de l'ARN sauvage, l'interaction boucle-boucle facilite la formation du duplex étendu par la NCp12. Toutefois, des résultats très récents de notre laboratoire suggèrent que, pour la majorité des molécules d'ARN sauvage, la boucle apicale n'est pas engagée dans l'interaction boucle-boucle dans les conditions d'utilisation de la NCp12. En effet, la boucle apicale du sauvage est accessible aux RNases à 37 °C dans le tampon de la NCp12 en l'absence de cette protéine. De plus, les boucles apicales des ARN Ld3lb et La2sc sont accessibles aux RNases à 37 °C en l'absence de la NCp12 mais ne le sont plus en présence de NCp12.

2.2) Rôles des boucles dans l'interaction NCp12/L3

Les résultats mentionnés ci-dessus suggèrent que la boucle apicale lie la NCp12 à 37 °C. Nos résultats montrent que la liaison de la NCp12 à L3 n'est pas affectée par les mutations qui détruisent le palindrome présent dans la boucle apicale (Figure 6 de l'article). Ces résultats suggèrent que la conservation du palindrome (90,109) n'est pas liée à une interaction spécifique avec la NCp12. Une étude très récente de notre équipe montre que la boucle interne B est aussi un site de liaison de la NCp12 dans l'ARN monomérique et le duplex étendu.

2.3) La formation du duplex étendu dépend de l'activité chaperonne de la NCp12

A 37 °C dans des conditions salines physiologiques et sans NCp12, la tige-boucle L3 est incapable de former un duplex étendu. La capacité de la NCp12 à générer un duplex étendu est due à son activité chaperonne. En effet, la NCp12 comme la plupart des NC possède une activité chaperonne des acides nucléiques qui lui permet de réarranger un acide nucléique en sa conformation la plus stable. En général, la conformation la plus stable correspond à celle possédant le plus grand nombre de paires de bases (64,72,184). Pour le mutant s6A, le nombre de paires de bases par molécule d'ARN serait le même dans les conformations duplex étendu et monomère. Il n'est donc pas surprenant que les ARN Ls6A et Gs6A ne forment pas du dimères stables (Figure 2 de l'article). En revanche, pour les autres mutants (même pour le mutant sA), le nombre de paires de bases par ARN est plus élevé dans la conformation duplex étendu que dans le cas de la conformation monomérique. Le nombre de paires de bases est le même dans le cas d'un duplex étendu ou d'un duplex très étendu. Cette observation peut expliquer que la NCp12 ne favorise pas la formation d'un duplex très étendu. La formation du duplex étendu par un mécanisme où l'interaction boucle-boucle est maintenue ne semble pas compatible avec l'activité chaperonne de la NCp12. En effet, la NCp12 doit induire des changements conformationnels sans changer le nombre de paires de bases entre les dimères instables et stables car le nombre de paires de bases par molécule d'ARN est le même dans les deux conformations.

2.4) Modèles de dimérisation

Au moins trois modèles peuvent expliquer la formation d'un duplex étendu par la tige-boucle L3 sauvage en présence de NCp12 (Figure 30). Dans le modèle A, la formation du duplex étendu dépend de l'interaction boucle-boucle et de la fixation de la NCp12 sur la boucle B. Bien que les résultats de mon travail de thèse et ceux très récents de notre équipe ne sont pas en faveur de ce modèle, nous ne pouvons pas totalement l'exclure. Nos résultats sont plutôt compatibles avec les modèles B et C. Dans le modèle B, une seule molécule de NCp12 est fixée par molécule de L3, soit sur la boucle apicale, soit sur la boucle B. Dans le modèle C, la boucle apicale et la boucle B sont chacunes liées à une molécule de NCp12. Dans les modèles B et C, la fixation de la NCp12 provoque la déstabilisation de la tige C qui est courte (5 paires de bases).

Les NC sont des faibles déstabilisateurs de duplex d'acides nucléiques. En fait, seules des tiges de 4 à 8 paires de bases encadrées par des régions non appariées peuvent être significativement déstabilisées (184). La NCp12 semble possèder une activité déstabilisatrice similaire aux autres NC car elle est incapable de générer un duplex étendu si la tige C est constituée de dix paires de bases (mutant La2sc). L'activité déstabilisatrice de la NCp12 semble plus faible que celle de la NCp7 puisqu'elle génère très peu de dimères stables lorsque la tige C est composée de 7 paires de bases (mutant La1sc).

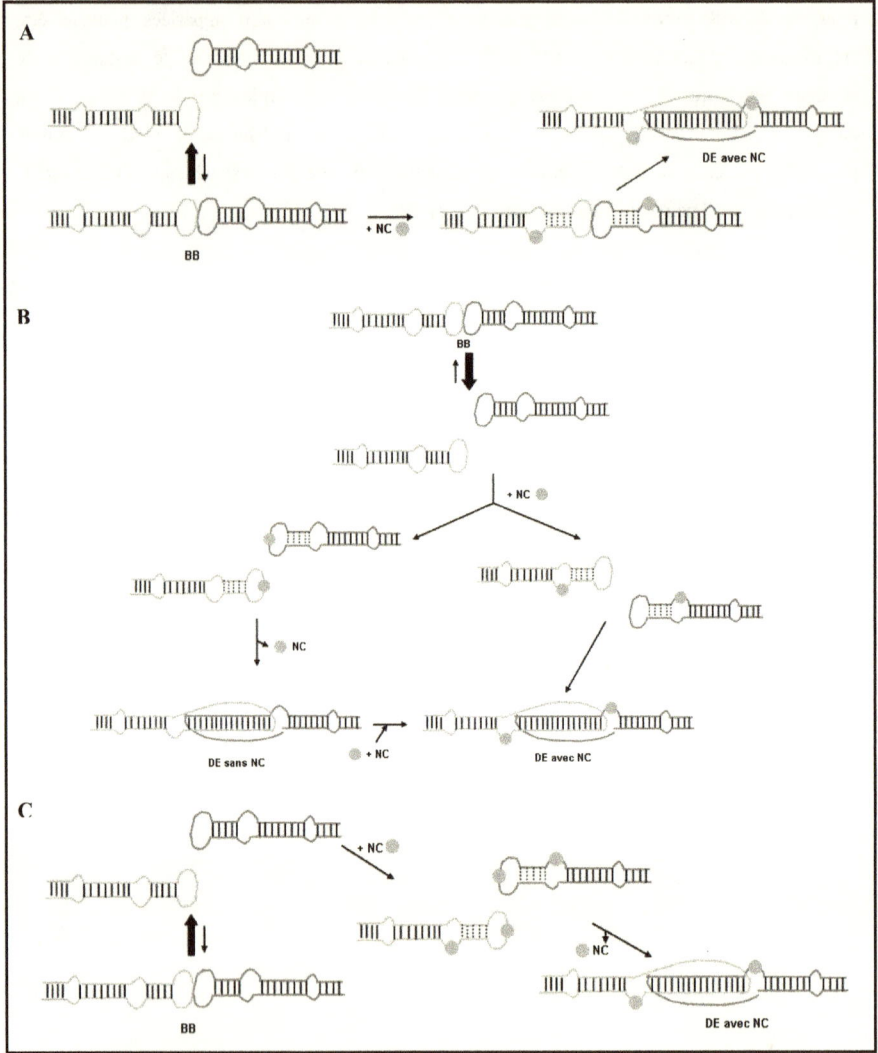

Figure 30. Mécanismes potentiels de dimérisation du L3 en présence de NCp12 selon qu'un seul (A et B) ou que deux sites de liaison de la protéine sur le L3 sont nécessaires (C). BB est le complexe boucle-boucle et DE le duplex étendu. Les pointillés indiquent des liaisons déstabilisées.

CONCLUSIONS ET PERSPECTIVES

Notre objectif général était de déterminer si la longue tige-boucle L3 est un site de dimérisation stable en présence de la NCp12 et d'approfondir nos connaissances sur le mécanisme de dimérisation de l'ARN génomique des alpharétrovirus en présence de la NCp12. Nous avons montré que L3 nécessite l'activité de la NCp12 pour être un site de dimérisation stable *in vitro*. Il est donc possible que L3 est un site de dimérisation stable dépendant de la NCp12 *in vivo*. Grâce à l'analyse de différents mutants nous avons pu mettre en évidence la structure qui lie les deux sous-unités des dimères stables générés par la NCp12 dans des conditions physiologiques. Notre étude suggère que la NCp12 présente une faible activité déstabilisatrice et n'agit que localement au niveau de la tige apicale. Il semble donc peu probable que la NCp12 ouvre l'ensemble de la tige-boucle L3 pour générer le duplex étendu. Pour confirmer cette hypothèse, notre équipe construit un mutant dont la tige B a été fusionnée avec la tige A pour être très longue (14 paires de bases) et ne pas pouvoir être ouverte par la NCp12 (Figure 31, mutant Ld1LA). Deux boucles sont suceptibles de fixer la NCp12 : la boucle apicale C et la boucle interne B. Nos résultats ne permettent pas de savoir si c'est la fixation sur l'une ou sur les deux boucles qui déstabilise la tige apicale et permet ainsi la formation du duplex étendu. De plus, le nombre de NC fixé par L3 qui est nécessaire à la formation du duplex étendu n'est également pas connu. L'analyse de la dimérisation et de la fixation de la NCp12 avec d'autres mutants et avec des techniques très sensibles comme la mesure de l'affinité par l'ESI-FTMS (136) est envisagée. La liaison de la NCp12 sur des séquences composées d'adenines et d'uridines est prédite être faible puisque la NCp7 fixe très peu les oligonucléotides $r(U)_8$ et les séquences riches en A (103). En tenant compte de cette hypothèse, on peut construire les mutants décrits ci-dessous pour mieux comprendre le mécanisme de dimérisation dépendant de la NCp12. Un mutant où toute la séquence de la boucle B est substituée par des A, appelé mutant LsAB (Figure 31), pourrait par exemple être intéressant pour étudier l'importance de la liaison de la NCp12 sur cette boucle. Pour inhiber la liaison de la NCp12 sur la boucle apicale sans introduire de mésappariements dans le duplex étendu, la séquence $_{264}GGGCCC_{269}$ pourrait être substituée en UUUAAA (mutant LsUA, Figure 31). Le mutant Ls7U présentant 7U dans la boucle apicale, devrait fixer très peu la NCp12 et donc former très peu de duplex étendu avec le Ls6A (structure présentée en Figure 29) si l'interaction NCp12/boucle apicale est importante. En outre, nos mutants seront testés avec les NC du VIH-1 et du Mo-MuLV dans les mêmes conditions que celles utilisées pour la NCp12. Cette étude permettra de mettre en évidence d'eventuelles différences d'activité entre les trois types de NC. On pourra par exemple déterminer si les activités déstabilisatrices et agrégative diffèrent selon les NC. Pour conclure l'étude *in vitro*, des mutants NC (NC mutées dans les doigts de zinc et les résidus basiques) seront nécessaires pour affiner nos connaissances sur le mécanisme de formation d'un duplex étendu.

Finalement, le rôle fonctionnel du L3 dans la réplication des alpharétrovirus pourrait être abordé grâce à nos mutations dans le cadre d'une étude *ex vivo*. On pourrait tester nos mutations dans differentes étapes du cycle rétroviral comme : (i) la formation d'un dimère d'ARN stable, (ii) l'encapsidation, (iii) l'assemblage du virion, (iiii) la synthèse de l'ADN proviral. En conclusion, l'ensemble des études sur L3 et son interaction avec la NCp12 devrait contribuer à mieux comprendre comment une longue structure en tige-boucle dans une région non codante régule la replication d'un rétrovirus. La connaissance des mécanismes de régulation de la replication rétrovirale devrait conduire à plus au moins long terme à concevoir de nouveaux agents antirétroviraux.

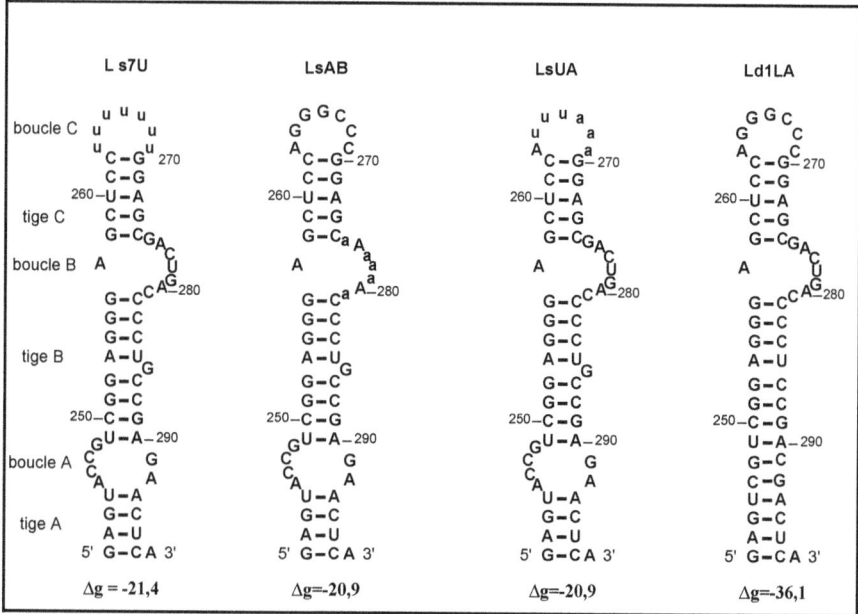

Figure 31. Structures des ARN prévus pour étudier le mécanisme de dimérisation. Mfold a été utilisé pour prédire la structure secondaire la plus stable pour chaque ARN. La séquence sauvage est indiquée en lettres majuscules. Les mutations sont en lettres minuscules. Les valeurs de Δg sont en kcal/mol.

MATERIEL ET METHODES

1) Matériel

1.1) Souche et plasmide utilisé

Escherichia Coli DH5α a été la souche utilisée pour les transformations. Le plasmide pEP241 correspond au plasmide pSP64 de chez Promega dans lequel a été inséré la séquence du promoteur de l'ARN polymérase T7 suivie des séquences 241-629 du génome d'ALV (souche RSA) (260).

1.2) Amorces utilisées en PCR

Les amorces correspondent à des oligodésoxyribonucléotides purifiés (qualité "Gold") qui ont été achetés chez Eurogentec. Les lettres majuscules indiquent les bases complémentaires de la séquence d'ADN de la souche ALV-RSA tandis que les lettres minuscules indiquent les nucléotides non complémentaires de la séquence d'ADN viral. Les lettres en gras et soulignés indiquent les mutations.

Od3LB   gtattcGAGCTCCAGGGCCCGGAGC-CCCTGCCGAGAAC (38 nt).

Oa1SC   gtattcGAGCTC**TC**CAGGGCCCG**GA**GAGCGACTGACCC (38 nt).

Oa2SC   gtattcGAGCTC**TCGTC**CAGGGCCCG**GACGA**GAGCGACTGACCC (44 nt).

PCR 629   gctctagacgctagCTCTCGAGCCGCC (27 nt).

1.3) Enzymes

Les enzymes de restriction : EcoRI, SacI, XhoI et DdeI ont été fournies par la société New England BioLabs avec les tampons NEB 10X pour une activité optimale de ces enzymes. La phosphatase alcaline de veau (10 U/µl) et le tampon 10 X de déphosphorylation (0,5 M Tris-HCl pH 8,5 ; 1 mM EDTA) sont de chez Roche. Le T4 DNA Ligase (400 U/µl) et le tampon 10 X ligase contenant 10 mM ATP proviennent de chez New England BioLabs.

1.4) Milieux de culture et antibiotiques

Le milieu LB a été produit avec 1% de bactotryptone de chez "Difco Laboratories" ; 0,5% d'extrait de levure de chez "Difco Laboratories" ; 1% NaCl acheté chez la compagnie Merck. Pour le milieu LB agar 2%, le bacto-agar de chez "Difco Laboratories" a été ajouté au milieu. Le pH a été ajusté à 7,5 avec 1N NaOH. Au besoin, de l'ampicilline de chez Sigma est ajouté au milieu de culture à une concentration de 100 µg/ml.

1.5) Kits

Pour réaliser la PCR, on a utilisé le kit "Expand high fidelity PCR system" commercialisé par la société Roche et composé de : (i) Tampon 10X (composition non précisée). (ii) Enzyme Mix (Taq ADN polymérase et Tgo polymérase). (iii) Mélange de dATP, dCTP, dGTP et dTTP (10 mM chacun). Les fragments d'ADN ont été extraits des gels d'agarose au moyen du kit Qiagen "QIAquick Gel Extraction". Ce dernier a été utilisé dans les conditions préconisées par le fournisseur. Les mini et les préparations d'ADN ont été réalisées en utilisant respectivement les kits "QIAprep Spin Miniprep Kit" et "QIAprep midiprep Kit" de chez Qiagen. Les ARN ont été synthétisés *in vitro* au moyen du kit "T7-RiboMAX Express Large Scale RNA Production System" commercialisé par la société Promega.

2) Méthodes

2.1) Préparation des bactéries compétentes

Les bactéries *Escherichia Coli* DH5α ont été étalées sur une boite LB agar et incubées une nuit à 37 °C. Une seule colonie a été utilisée pour ensemencer 5 ml de milieu LB qui a été incubé une nuit a 37 °C sous agitation à 250 rpm/min. 1ml de culture saturée a été transféré dans une fiole de 500 ml contenant 100 ml de milieu LB et incubé à 37 °C sous une agitation de 200 rpm/min. La densité optique (DO) a été contrôlée jusqu'à que la phase exponentielle soit atteinte (DO = 0,5 après 2h30 à 3h d'incubation). A DO = 0,5, les bactéries ont été refroidies sur la glace pendant 20 minutes avant d'être centrifugées pendant 5mn à 4°C et à 3000 rpm. Les bactéries ont été resuspendues dans le TSB contenant 85% LB ; 10% PEG 8000 ; 5% DMSO ; 50 mM $MgCl_2$ et congelées très rapidement dans un bain d'azote liquide avant d'être conservées à -80 °C.

2.2) Stratégie de mutagenèse dirigée

Le vecteur pEP 241-SX a été préparé de la façon suivante : (i) coupure du pEP 241 par SacI et XhoI ; (ii) déphosphorylation ; (iii) purification sur gel d'agarose du grand fragment d'ADN (Figure 32). On a utilisé comme matrice pour la PCR le plasmide pEP241 linéarisé par EcoRI. La PCR a été réalisée au moyen de l'oligonucléotide PCR 629 contenant le site XhoI et d'un oligonucléotide contenant le site SacI. Les produits PCR ont été coupés par SacI et XhoI. Après purification sur gel d'agarose, les fragments PCR ont été clonés dans le vecteur pEP241-SX.

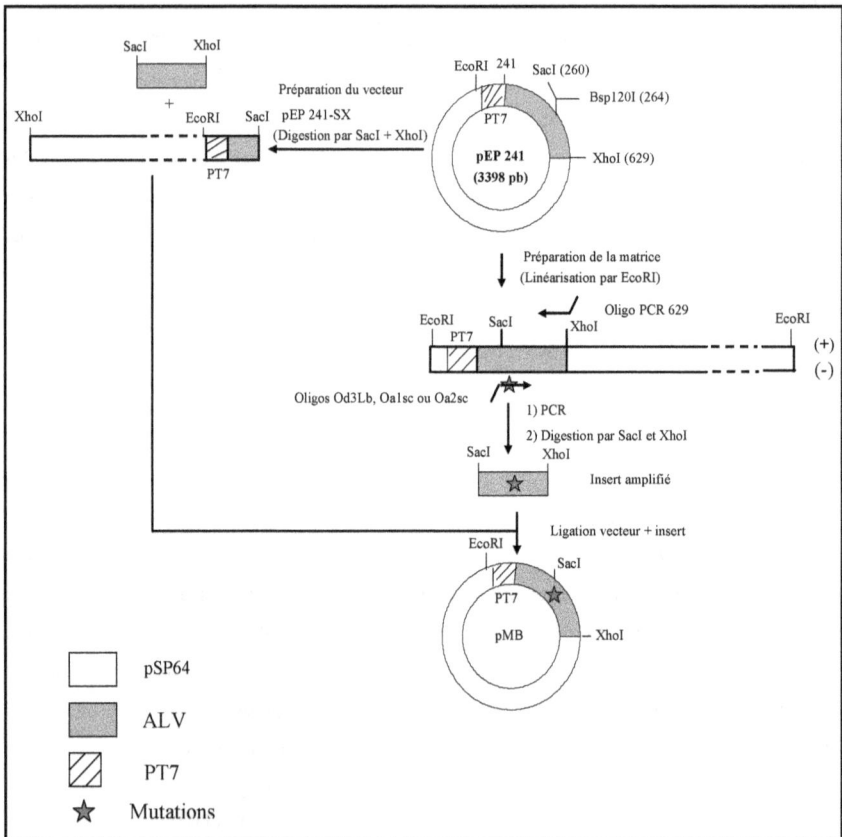

Figure 32. Construction d'un plasmide pMB.

2.2.1) Préparation du vecteur pEP241-SX

20 µg de plasmide pEP241 ont été digérés par 80 U de SacI dans un volume de 100 µl pendant 5 h à 37 °C. Après digestion, l'enzyme est éliminée par deux extractions avec un volume d'un mélange phénol/chloroforme-alcool isoamylique (24 :1) puis avec un mélange de chloroforme-alcool isoamylique (24 :1). Les produits ont été alors précipités avec 2,5 volumes d'éthanol absolu froid et 0,3 M d'acétate de sodium pH 5,2. Les mélanges ont été centrifugés à 14000 rpm pendant 30 min, à 4 °C. Ensuite, les culots ont été lavés par l'éthanol 70% froid et recentrifugés pendant 5 min à 14000 rpm et à 4 °C. Les surnageant ont été éliminés et les culots séchés avant d'être remis en solution dans 30 µl d'une solution 10 mM Tris-HCl pH 7,8. Par la suite une seconde digestion a été faite avec 60 U de XhoI en suivant le même protocole. Après ces deux digestions l'ADN a été déphosphorylé avec 10 U de phosphatase alcaline de veau dans un volume total de 50 µl et incubé 30 min à 37 °C. La déphosphorylation diminue le risque de ligation du vecteur sur lui-même dans le cas où une fraction des plasmides ne serait coupée qu'une seule fois. A la fin, le produit de digestion a été vérifié sur gel d'agarose 0,9% ; 0,5 X TBE – BET (10µg/µl). Le grand fragment a été purifié par le kit QIAquick Gel Extraction. Le vecteur a été quantifié en utilisant le marqueur de taille 1kb DNA ladder de chez New England Biolabs.

2.2.2) Préparation de la matrice pour l'amplification par PCR

15 µg de plasmide pEP 241 ont été coupés par 80 U d'EcoRI dans un volume réactionnel de 100 µl pendant 4 heures à 37 °C. A la fin de la digestion, l'enzyme a été éliminée par deux extractions phénol-chloroforme- alcool isoamylique (24 :1) et une extraction chloroforme- alcool isoamylique (24 :1), puis l'ADN a été précipité par de l'éthanol absolu et de l'acétate de sodium à 0,3 M, avant d'être lavé avec de l'éthanol 70%. Un aliquote de l'ADN purifié a été vérifié sur gel d'agarose 0,9% ; 0,5 X TBE-BET (10µg/µl). La matrice a été quantifiée en mesurant la densité optique à une longueur d'ondes de 260 nm.

2.2.3) Mutagenèse par PCR

L'amplification PCR des inserts d'ALV est réalisée sur le plasmide pEP 241 linéarisé par EcoRI, qui contient la séquence 241-629 d'ALV. Les amorces utilisées possèdent des séquences qui s'hybrident partiellement avec la matrice au cours des premiers cycles d'amplification, de façon à produire un insert contenant des sites de restriction utiles pour la suite. L'amplification PCR a été réalisée au moyen du kit "Expand high fidelity PCR system". 10^{-3} ou 10^{-2} µg du plasmide linéarisé ont été incubés avec 15 µM final de chacune des amorces ; 5 µl de tampon 10 X et et 0,75 µl d'enzyme Mix dans un volume final de 50 µl. Les températures d'hybridation et d'élongation des amorces ont été choisies après calcul des Tm théoriques. Les paramètres de la PCR ont été les suivants : (i) une dénaturation à 94 °C pendant 5 min ; (ii) sept cycles de dénaturation, hybridation et élongation, dont les températures successives ont été 94 °C, 50 °C et 72 °C, la durée de chaque étape a été d'une minute ; (iii) vingt cinq autres cycles de dénaturation, hybridation et élongation dont les températures successives ont été 94 °C, 65 °C et 72 °C, la durée de chaque étape a été d'une minute. La PCR se termine par une incubation pendant 5 min à 72 °C. Les produits de PCR ont ensuite été digérés successivement par les enzymes SacI et XhoI pour obtenir les inserts (Figure 32). Après une précipitation à l'éthanol absolu et à l'acétate de sodium 0,3 M, les inserts ont été repris dans H_2O pour être par la suite purifiés sur gel d'agarose 1,2% au moyen du kit QIAquick Gel Extraction.

2.2.4) Construction et caractérisation des plasmides pMB

2.2.4.1) Ligations et transformations

Deux rapports R = insert/vecteur = 1 ou 3 ont été testés pour la ligation. 5 10^{-14} moles du vecteur et 5 10^{-14} ou 15 10^{-14} moles d'un insert ont donc été incubés à 4 °C pendant 17 à 24 heures en présence d'une unité d'ADN ligase du bactériophage T4 dans un volume final de 10 µl. Les bactéries *Escherichia Coli* DH5α compétentes ont été transformées par les produits de ligation suivant la méthode chimique après choc thermique. En fait 100 µl de bactéries compétentes ont été incubées dans un volume final de 200 µl pendant 20 min dans la glace, puis 10 min à température ambiante (choc thermique) en présence des produits de ligation et de la solution KCM dont la composition est la suivante ; KCl 0,5 M ; $CaCl_2$ 0,15 M ; $MgCl_2$ 0,25 M. Puis, les bactéries ont subi une incubation à 37 °C pendant 60 min sous une agitation de 150 rpm après l'ajout de 800 µl de milieu LB liquide. 100 µl de culture ont été étalés sur une boite de pétrie LB agar contenant 100 µg/ml d'ampicilline. Les boîtes ont été incubées à 37 °C pendant la nuit.

2.2.4.2) Minipréparation d'ADN plasmique

Une colonie sélectionnée sur boite LB/ampicilline a servi à ensemenser 2 ml de milieu LB/ampicilline. Après une nuit d'incubation à 37 °C sous une agitation de 250 rpm/min, la culture a été récoltée et centrifugée à 4000 rpm/min pendant 15 min à 4 °C. Le culot bactérien a été lavé et l'ADN plasmique a été extrait grâce au kit "QIAprep Spin Miniprep Kit".

2.2.4.3 Analyse des minipréparations d'ADN plasmique

Les plasmides purifiés ont été analysés avec les enzymes de restrictions ; SacI, XhoI, Bsp120I, pour confirmer l'existence de certains sites de restrictions. Une étape de séquençage a été nécessaire car nous ne disposions pas d'enzyme de restriction permettant d'identifier les mutations. Les plasmides ont donc été séquencés par la société Genome express.

2.2.4.4) Préparation d'ADN plasmique

Les préparations ont été réalisées à partir de cultures de 100 ml contenant 100µg/µl d'ampicilline. L'ADN plasmique a été extrait et purifié selon la méthode de la lyse alcaline en utilisant le kit "QIAprep midiprep". La concentration d'ADN plasmique a été déterminée par la mesure de la densité optique à 260 nm.

2.3) Synthèse des ARN

2.3.1) Préparation des matrices

Les transcriptions ont été faites en utilisant les matrices d'ADN, obtenues par digestion enzymatique des plasmides pMB par l'enzyme de restriction DdeI qui coupe l'ADN au site de terminaison souhaité pour la transcription. 20 µg de chaque plasmide ont été incubés dans un volume final de 100 µl avec 50 unités de DdeI pendant quatre heures à 37 °C. Les produits des digestions ont été ensuite traités au SDS 0,5% et à la Protéinase K (10 ng) de façon à éliminer les éventuelles traces de RNase A avant la transcription car celle-ci avait été utilisé lors de la préparation des plasmides. Puis, la Protéinase K est éliminée par deux extractions au phénol-chloroforme alcool-isoamylique (24 :1) et une extraction au chloroforme alcool-isoamylique (24 :1) avant que la matrice soit précipitée par l'éthanol absolu, puis lavée par l'éthanol 70% et reprise dans H_2O désionisée.

2.3.2) Transcription in vitro

Les transcriptions ont été réalisées en utilisant le kit "T7 Ribo MAX Express Large Scale RNA Production System". Selon ce protocole 5 µg de matrice ADN dans un volume final de 50 µl ont été incubés 4 heures à 37 °C en présence de 80 mM HEPES-KOH, pH 7,5 ; 24 mM MgCl$_2$; 2 mM spermidine ; 40 mM DTT, 4,5 mM final de chacun des XTP et 5 µl d'un mélange d'enzymes qui contient 300 unités/µl d'ARN Polymérase T7; 15 unités/µl de "RNasin Ribonuclease Inhibitor" ; 190 unités/µl de "Yeast Inorganic Pyrophosphatase". Après quatre heures, la réaction a été arrêtée avec 5 unités de RQ$_1$DNase, puis traitée avec du SDS 10% et de la Protéinase K, avant une extraction au phénol-chloroforme-alcoolisoamylique (24 :1), suivie d'une extraction au chloroforme-alcoolisoamylique (24 :1). Les ARN ont été précipités une nuit à -20 °C dans 0,3 M d'acétate de sodium et 3 volumes d'éthanol absolu froid et repris dans de l'eau désionisée. Une solution de dépôt (0,025% bleu de bromophénol ; 0,0025% xylène cyanol ; 7M urée) a été ajoutée avant de déposer les échantillons sur un gel 12% polyacrylamide/7,2M urée. A la fin de l'électrophorèse et après visualisation par UV "shadowing" sur plaque de silice, les régions du gel dans lesquelles les transcrits ont migré, ont été découpées, et mises à incuber avec le tampon d'élution (0,3 M d'acétate de sodium pH 5,2 ; 0,1% de SDS, 1mM de EDTA). Après une élution passive à température ambiante pendant 16 à 18 heures, les ARN élués ont été précipités avec de l'éthanol absolu froid et dialysés contre de l'eau sur filtre Millipore 0,025 µM. La densité optique de ces ARN a été mesurée à 260 nm pour déterminer la concentration. De plus, l'intégrité des ARN a été vérifiée par migration de 1µg de chaque ARN sur gel dénaturant (12% de polyacrylamide/7,2M urée), et visualisée avec un colorant le "stain-all".

2.4) Dimérisation

2.4.1) Dimérisation sans NCp12

Dans le cas de l'essai Den, 3,8 pmoles d'ARN dans de l'eau désionisée ont été incubées dans 20 µl de volume final pendant 2 min à 90 °C avant d'être refroidi 2 min dans la glace. 5 µl de la solution de dépôt (50% glycerol ;0,05% bleu de bromophenol ; 0,05% xyléne cyanol) ont été ajoutés et l'essai a été divisé en deux aliquotes qui ont été analysés par électrophorèse sur gel 4% agarose de chez Qbiogene soit à 4 °C dans le tampon TBM (45 mM Tris-Borate (pH 8,3) ; 0,1 mM MgCl$_2$) (Figure 25 (A)) soit à 25 °C dans le tampon TBE (45 mM Tris-Borate (pH 8,3) ; 1mM EDTA) (Figure 25 (B)). Dans le cas de l'essai C, 3,8 pmoles d'ARN dans de l'eau désionisée ont été incubées dans un volume final de 12 µl pendant 2 min à 90 °C puis refroidi 2 min dans la glace. Ensuite 8 µl de tampon NC (20 mM Tris-HCl (pH 7,5) ; 50 mM NaCl ; 0,2 mM MgCl$_2$; 5 mM DTT en concentration finale) ont été ajoutés avant l'incubation de mélange pendant 15 min à 37 °C. Chaque essai a aussi été divisé en deux aliquotes qui ont été analysés par électrophorèse sur gel 4% agarose de chez Qbiogene dans les mêmes conditions que les essais Den. Les ARN ont été visualisés au moyen du BET (10 µg/µl).

2.4.2) Dimérisation en présence de NCp12

1,9 pmole d'ARN ont été incubées soit dans 10 µl de H$_2$O désionisée et ont subi une dénaturation de 2 min à 90 °C puis une incubation de 2 min dans la glace avant d'avoir ajouté 2,5 µl de la solution de dépôt (essai Den). Dans le cas des autres essais, 1,9 pmoles d'ARN ont été incubées dans 6 µl d'eau désionisée pendant 2 min à 90 °C puis refroidi 2 min dans la glace avant d'avoir ajouté 4 µl de tampon NC (20 mM Tris-HCl (pH 7,5) ; 50 mM NaCl ; 0,2 mM MgCl$_2$; 5 mM DTT en concentration finale). Après, le mélange a subi une incubation de 15 min à 37 °C en absence (essais contrôles C) ou en présence de NCp12 à différentes concentrations. Les réactions ont été stoppées par une extraction avec du phénol saturé par 40 mM Tris-HCl (pH 6,5) ; 0,1% SDS et 2,5 mM EDTA. Les échantillons ont subi une extraction au chloroforme-alcoolisoamylique (24 :1) avant d'avoir ajouté 2,5 µl de la solution de dépôt. Les ARN ont été analysés par électrophorèse à 25 °C sur gel 4% agarose de chez Qbiogene dans le tampon TBE (45 mM Tris-Borate (pH 8,3) ; 1 mM EDTA) et visualisés au moyen du BET (10 µg/µl) (Figures 26 et 27).

REFERENCES BIBLIOGRAPHIQUES

1. **Abbink, T. E. and B. Berkhout**. 2003. A novel long distance base-pairing interaction in human immunodeficiency virus type 1 RNA occludes the Gag start codon. J. Biol. Chem. **278**:11601-11611.

2. **Abbink, T. E., M. Ooms, P. C. Haasnoot, and B. Berkhout**. 2005. The HIV-1 leader RNA conformational switch regulates RNA dimerization but does not regulate mRNA translation. Biochemistry **44**:9058-9066.

3. **Aldovini, A. and R. A. Young**. 1990. Mutations of RNA and protein sequences involved in human immunodeficiency virus type 1 packaging result in production of noninfectious virus. J. Virol. **64**:1920-1926.

4. **Allain, B., M. Lapadat-Tapolsky, C. Berlioz, and J. L. Darlix**. 1994. Transactivation of the minus-strand DNA transfer by nucleocapsid protein during reverse transcription of the retroviral genome. EMBO J. **13**:973-981.

5. **Allen, P., B. Collins, D. Brown, Z. Hostomsky, and L. Gold**. 1996. A specific RNA structural motif mediates high affinity binding by the HIV-1 nucleocapsid protein (NCp7). Virology **225**:306-315.

6. **Andersen, E. S., R. E. Jeeninga, C. K. Damgaard, B. Berkhout, and J. Kjems**. 2003. Dimerization and template switching in the 5' untranslated region between various subtypes of human immunodeficiency virus type 1. J. Virol. **77**:3020-3030.

7. **Anderson, D. J., P. Lee, K. L. Levine, J. S. Sang, S. A. Shah, O. O. Yang, P. R. Shank, and M. L. Linial**. 1992. Molecular cloning and characterization of the RNA packaging-defective retrovirus SE21Q1b. J. Virol. **66**:204-216.

8. **Anderson, J. A., R. J. Teufel, P. D. Yin, and W. S. Hu**. 1998. Correlated template-switching events during minus-strand DNA synthesis: a mechanism for high negative interference during retroviral recombination. J. Virol. **72**:1186-1194.

9. **Aronoff, R. and M. Linial**. 1991. Specificity of retroviral RNA packaging. J. Virol. **65**:71-80.

10. **Arrigo, S. and K. Beemon**. 1988. Regulation of Rous sarcoma virus RNA splicing and stability. Mol. Cell Biol. **8**:4858-4867.

11. **Aschoff, J. M., D. Foster, and J. M. Coffin**. 1999. Point mutations in the avian sarcoma/leukosis virus 3' untranslated region result in a packaging defect. J. Virol. **73**:7421-7429.

12. **Awang, G. and D. Sen**. 1993. Mode of dimerization of HIV-1 genomic RNA. Biochemistry **32**:11453-11457.

13. **Bai, J., L. N. Payne, and M. A. Skinner**. 1995. HPRS-103 (exogenous avian leukosis virus, subgroup J) has an env gene related to those of endogenous elements EAV-0 and E51 and an E element found previously only in sarcoma viruses. J. Virol. **69**:779-784.

14. **Balakrishnan, M., B. P. Roques, P. J. Fay, and R. A. Bambara**. 2003. Template dimerization promotes an acceptor invasion-induced transfer mechanism during human immunodeficiency virus type 1 minus-strand synthesis. J. Virol. **77**:4710-4721.

15. **Baltimore, D.** 1970. RNA-dependent DNA polymerase in virions of RNA tumour viruses. Nature **226**:1209-1211.

16. **Banks, J. D., B. O. Kealoha, and M. L. Linial**. 1999. An Mpsi-containing heterologous RNA, but not env mRNA, is efficiently packaged into avian retroviral particles. J. Virol. **73**:8926-8933.

17. **Banks, J. D. and M. L. Linial**. 2000. Secondary structure analysis of a minimal avian leukosis-sarcoma virus packaging signal. J. Virol. **74**:456-464.

18. **Bates, P., J. A. Young, and H. E. Varmus**. 1993. A receptor for subgroup A Rous sarcoma virus is related to the low density lipoprotein receptor. Cell **74**:1043-1051.

19. **Baudin, F., R. Marquet, C. Isel, J. L. Darlix, B. Ehresmann, and C. Ehresmann**. 1993. Functional sites in the 5' region of human immunodeficiency virus type 1 RNA form defined structural domains. J. Mol. Biol. **229**:382-397.

20. **Beltz, H., J. Azoulay, S. Bernacchi, J. P. Clamme, D. Ficheux, B. Roques, J. L. Darlix, and Y. Mely**. 2003. Impact of the terminal bulges of HIV-1 cTAR DNA on its stability and the destabilizing activity of the nucleocapsid protein NCp7. J. Mol. Biol. **328**:95-108.

21. **Beltz, H., C. Clauss, E. Piemont, D. Ficheux, R. J. Gorelick, B. Roques, C. Gabus, J. L. Darlix, R. H. de, and Y. Mely**. 2005. Structural determinants of HIV-1 nucleocapsid protein for cTAR DNA binding and destabilization, and correlation with inhibition of self-primed DNA synthesis. J. Mol. Biol. **348**:1113-1126.

22. **Bender, W. and N. Davidson**. 1976. Mapping of poly(A) sequences in the electron microscope reveals unusual structure of type C oncornavirus RNA molecules. Cell **7**:595-607.

23. **Bennett, R. P., T. D. Nelle, and J. W. Wills**. 1993. Functional chimeras of the Rous sarcoma virus and human immunodeficiency virus gag proteins. J. Virol. **67**:6487-6498.

24. **Berg, J. M.** 1986. Potential metal-binding domains in nucleic acid binding proteins. Science **232**:485-487.

25. **Berglund, J. A., B. Charpentier, and M. Rosbash**. 1997. A high affinity binding site for the HIV-1 nucleocapsid protein. Nucleic Acids Res. **25**:1042-1049.

26. **Berkhout, B.** 1996. Structure and function of the human immunodeficiency virus leader RNA. Prog. Nucleic Acid Res. Mol. Biol. **54**:1-34.

27. **Berkhout, B., A. T. Das, and J. L. van Wamel**. 1998. The native structure of the human immunodeficiency virus type 1 RNA genome is required for the first strand transfer of reverse transcription. Virology **249**:211-218.

28. **Berkhout, B., B. B. Essink, and I. Schoneveld**. 1993. In vitro dimerization of HIV-2 leader RNA in the absence of PuGGAPuA motifs. FASEB J. **7**:181-187.

29. **Berkhout, B. and J. L. van Wamel**. 1996. Role of the DIS hairpin in replication of human immunodeficiency virus type 1. J. Virol. **70**:6723-6732.

30. **Berkowitz, R. D., M. L. Hammarskjold, C. Helga-Maria, D. Rekosh, and S. P. Goff**. 1995. 5' regions of HIV-1 RNAs are not sufficient for encapsidation: implications for the HIV-1 packaging signal. Virology **212**:718-723.

31. **Berkowitz, R. D., J. Luban, and S. P. Goff**. 1993. Specific binding of human immunodeficiency virus type 1 gag polyprotein and nucleocapsid protein to viral RNAs detected by RNA mobility shift assays. J. Virol. **67**:7190-7200.

32. **Bernacchi, S., E. Ennifar, K. Toth, P. Walter, J. Langowski, and P. Dumas**. 2005. Mechanism of hairpin-duplex conversion for the HIV-1 dimerization initiation site. J. Biol. Chem. **280**:40112-40121.

33. **Bernacchi, S., S. Stoylov, E. Piemont, D. Ficheux, B. P. Roques, J. L. Darlix, and Y. Mely**. 2002. HIV-1 nucleocapsid protein activates transient melting of least stable parts of the secondary structure of TAR and its complementary sequence. J. Mol. Biol. **317**:385-399.

34. **Bess, J. W., Jr., P. J. Powell, H. J. Issaq, L. J. Schumack, M. K. Grimes, L. E. Henderson, and L. O. Arthur**. 1992. Tightly bound zinc in human immunodeficiency virus type 1, human T-cell leukemia virus type I, and other retroviruses. J. Virol. **66**:840-847.

35. **Bieth, E. and J. L. Darlix**. 1992. Complete nucleotide sequence of a highly infectious avian leukosis virus. Nucleic Acids Res. **20**:367.

36. **Bieth, E., C. Gabus, and J. L. Darlix**. 1990. A study of the dimer formation of Rous sarcoma virus RNA and of its effect on viral protein synthesis in vitro. Nucleic Acids Res. **18**:119-127.

37. **Billeter, M. A., J. T. Parsons, and J. M. Coffin**. 1974. The nucleotide sequence complexity of avian tumor virus RNA. Proc. Natl. Acad. Sci. U. S. A **71**:3560-3564.

38. **Bittner, J. J.** 1936. Some possible effects of nursing on the mammary tumor incidence in mice. Science **84**:162.

39. **Bowles, N. E., P. Damay, and P. F. Spahr**. 1993. Effect of rearrangements and duplications of the Cys-His motifs of Rous sarcoma virus nucleocapsid protein. J. Virol. **67**:623-631.

40. **Bowzard, J. B., R. P. Bennett, N. K. Krishna, S. M. Ernst, A. Rein, and J. W. Wills**. 1998. Importance of basic residues in the nucleocapsid sequence for retrovirus Gag assembly and complementation rescue. J. Virol. **72**:9034-9044.

41. **Brown, P. O., B. Bowerman, H. E. Varmus, and J. M. Bishop**. 1989. Retroviral integration: structure of the initial covalent product and its precursor, and a role for the viral IN protein. Proc. Natl. Acad. Sci. U. S. A **86**:2525-2529.

42. **Bryant, M. and L. Ratner**. 1990. Myristoylation-dependent replication and assembly of human immunodeficiency virus 1. Proc. Natl. Acad. Sci. U. S. A **87**:523-527.

43. **Cabello-Villegas, J., K. E. Giles, A. M. Soto, P. Yu, A. Mougin, K. L. Beemon, and Y. X. Wang**. 2004. Solution structure of the pseudo-5' splice site of a retroviral splicing suppressor. RNA. **10**:1388-1398.

44. **Campbell, S. M., S. M. Crowe, and J. Mak**. 2001. Lipid rafts and HIV-1: from viral entry to assembly of progeny virions. J. Clin. Virol. **22**:217-227.

45. **Canaani, E., K. V. Helm, and P. Duesberg**. 1973. Evidence for 30-40S RNA as precursor of the 60-70S RNA of Rous sarcoma virus. Proc. Natl. Acad. Sci. U. S. A **70**:401-405.

46. **Carriere, C., B. Gay, N. Chazal, N. Morin, and P. Boulanger**. 1995. Sequence requirements for encapsidation of deletion mutants and chimeras of human immunodeficiency virus type 1 Gag precursor into retrovirus-like particles. J. Virol. **69**:2366-2377.

47. **Carteau, S., S. C. Batson, L. Poljak, J. F. Mouscadet, R. H. de, J. L. Darlix, B. P. Roques, E. Kas, and C. Auclair**. 1997. Human immunodeficiency virus type 1 nucleocapsid protein specifically stimulates Mg2+-dependent DNA integration in vitro. J. Virol. **71**:6225-6229.

48. **Chazal, N. and D. Gerlier**. 2003. Virus entry, assembly, budding, and membrane rafts. Microbiol. Mol. Biol. Rev. **67**:226-37, table.

49. **Chertova, E. N., B. P. Kane, C. McGrath, D. G. Johnson, R. C. Sowder, L. O. Arthur, and L. E. Henderson**. 1998. Probing the topography of HIV-1 nucleocapsid protein with the alkylating agent N-ethylmaleimide. Biochemistry **37**:17890-17897.

50. **Chesters, P. M., K. Howes, L. Petherbridge, S. Evans, L. N. Payne, and K. Venugopal**. 2002. The viral envelope is a major determinant for the induction of

lymphoid and myeloid tumours by avian leukosis virus subgroups A and J, respectively. J. Gen. Virol. **83**:2553-2561.

51. **Cheung, K. S., R. E. Smith, M. P. Stone, and W. K. Joklik**. 1972. Comparison of immature (rapid harvest) and mature Rous sarcoma virus particles. Virology **50**:851-864.

52. **Clavel, F. and J. M. Orenstein**. 1990. A mutant of human immunodeficiency virus with reduced RNA packaging and abnormal particle morphology. J. Virol. **64**:5230-5234.

53. **Clever, J. L. and T. G. Parslow**. 1997. Mutant human immunodeficiency virus type 1 genomes with defects in RNA dimerization or encapsidation. J. Virol. **71**:3407-3414.

54. **Clever, J. L., M. L. Wong, and T. G. Parslow**. 1996. Requirements for kissing-loop-mediated dimerization of human immunodeficiency virus RNA. J. Virol. **70**:5902-5908.

55. **Cobrinik, D., A. Aiyar, Z. Ge, M. Katzman, H. Huang, and J. Leis**. 1991. Overlapping retrovirus U5 sequence elements are required for efficient integration and initiation of reverse transcription. J. Virol. **65**:3864-3872.

56. **Cobrinik, D., L. Soskey, and J. Leis**. 1988. A retroviral RNA secondary structure required for efficient initiation of reverse transcription. J. Virol. **62**:3622-3630.

57. **Coffin, J. M.** 1992. Genetic diversity and evolution of retroviruses. Curr. Top. Microbiol. Immunol. **176**:143-164.

58. **Coffin, J. M.** 1979. Structure, replication, and recombination of retrovirus genomes: some unifying hypotheses. J. Gen. Virol. **42**:1-26.

59. **Coffin, J. M., S. H. Hughes, and H. E. Varmus**. 1997. Retroviruses. Cold Spring Harbor Laboratory Press, Cold Spring Harbor, NY.

60. **Cornille, F., Y. Mely, D. Ficheux, I. Savignol, D. Gerard, J. L. Darlix, M. C. Fournie-Zaluski, and B. P. Roques**. 1990. Solid phase synthesis of the retroviral nucleocapsid protein NCp10 of Moloney murine leukaemia virus and related "zinc-fingers" in free SH forms. Influence of zinc chelation on structural and biochemical properties. Int. J. Pept. Protein Res. **36**:551-558.

61. **Cosson, P.** 1996. Direct interaction between the envelope and matrix proteins of HIV-1. EMBO J. **15**:5783-5788.

62. **Craven, R. C., A. E. Leure-duPree, R. A. Weldon, Jr., and J. W. Wills**. 1995. Genetic analysis of the major homology region of the Rous sarcoma virus Gag protein. J. Virol. **69**:4213-4227.

63. **Craven, R. C. and L. J. Parent**. 1996. Dynamic interactions of the Gag polyprotein. Curr. Top. Microbiol. Immunol. **214**:65-94.

64. **Cristofari, G. and J. L. Darlix**. 2002. The ubiquitous nature of RNA chaperone proteins. Prog. Nucleic Acid Res. Mol. Biol. **72**:223-268.

65. **Cullen, B. R.** 2000. Nuclear RNA export pathways. Mol. Cell Biol. **20**:4181-4187.

66. **D'Souza, V., J. Melamed, D. Habib, K. Pullen, K. Wallace, and M. F. Summers**. 2001. Identification of a high affinity nucleocapsid protein binding element within the Moloney murine leukemia virus Psi-RNA packaging signal: implications for genome recognition. J. Mol. Biol. **314**:217-232.

67. **D'Souza, V. and M. F. Summers**. 2005. How retroviruses select their genomes. Nat. Rev. Microbiol. **3**:643-655.

68. **D'Souza, V. and M. F. Summers**. 2004. Structural basis for packaging the dimeric genome of Moloney murine leukaemia virus. Nature **431**:586-590.

69. **Dang, Q. and W. S. Hu**. 2001. Effects of homology length in the repeat region on minus-strand DNA transfer and retroviral replication. J. Virol. **75**:809-820.

70. **Dannull, J., A. Surovoy, G. Jung, and K. Moelling**. 1994. Specific binding of HIV-1 nucleocapsid protein to PSI RNA in vitro requires N-terminal zinc finger and flanking basic amino acid residues. EMBO J. **13**:1525-1533.

71. **Darlix, J. L., C. Gabus, M. T. Nugeyre, F. Clavel, and F. Barre-Sinoussi**. 1990. Cis elements and trans-acting factors involved in the RNA dimerization of the human immunodeficiency virus HIV-1. J. Mol. Biol. **216**:689-699.

72. **Darlix, J. L., M. Lapadat-Tapolsky, R. H. de, and B. P. Roques**. 1995. First glimpses at structure-function relationships of the nucleocapsid protein of retroviruses. J. Mol. Biol. **254**:523-537.

73. **Darlix, J. L. and P. F. Spahr**. 1982. Binding sites of viral protein P19 onto Rous sarcoma virus RNA and possible controls of viral functions. J. Mol. Biol. **160**:147-161.

74. **Darlix, J. L., A. Vincent, C. Gabus, R. H. de, and B. Roques**. 1993. Trans-activation of the 5' to 3' viral DNA strand transfer by nucleocapsid protein during reverse transcription of HIV1 RNA. C. R. Acad. Sci. III **316**:763-771.

75. **Davis, J., M. Scherer, W. P. Tsai, and C. Long**. 1976. Low-molecular- weight Rauscher leukemia virus protein with preferential binding for single-stranded RNA and DNA. J. Virol. **18**:709-718.

76. **De Guzman, R. N., Z. R. Wu, C. C. Stalling, L. Pappalardo, P. N. Borer, and M. F. Summers**. 1998. Structure of the HIV-1 nucleocapsid protein bound to the SL3 psi-RNA recognition element. Science **279**:384-388.

77. **de, R. H., D. Ficheux, C. Gabus, B. Allain, M. C. Fournie-Zaluski, J. L. Darlix, and B. P. Roques**. 1993. Two short basic sequences surrounding the zinc finger of nucleocapsid protein NCp10 of Moloney murine leukemia virus are critical for RNA annealing activity. Nucleic Acids Res. **21**:823-829.

78. **de, R. H., D. Ficheux, C. Gabus, M. C. Fournie-Zaluski, J. L. Darlix, and B. P. Roques**. 1991. First large scale chemical synthesis of the 72 amino acid HIV-1

nucleocapsid protein NCp7 in an active form. Biochem. Biophys. Res. Commun. **180**:1010-1018.

79. **de, R. H., C. Gabus, A. Vincent, M. C. Fournie-Zaluski, B. Roques, and J. L. Darlix**. 1992. Viral RNA annealing activities of human immunodeficiency virus type 1 nucleocapsid protein require only peptide domains outside the zinc fingers. Proc. Natl. Acad. Sci. U. S. A **89**:6472-6476.

80. **De, T. M., V. Metzler, M. Mougel, B. Ehresmann, and C. Ehresmann**. 1998. Dimerization of MoMuLV genomic RNA: redefinition of the role of the palindromic stem-loop H1 (278-303) and new roles for stem-loops H2 (310-352) and H3 (355-374). Biochemistry **37**:6077-6085.

81. **Dehm, S. M. and K. Bonham**. 2004. SRC gene expression in human cancer: the role of transcriptional activation. Biochem. Cell Biol. **82**:263-274.

82. **Delos, S. E., J. A. Godby, and J. M. White**. 2005. Receptor-induced conformational changes in the SU subunit of the avian sarcoma/leukosis virus A envelope protein: implications for fusion activation. J. Virol. **79**:3488-3499.

83. **Demene, H., N. Jullian, N. Morellet, R. H. de, F. Cornille, B. Maigret, and B. P. Roques**. 1994. Three-dimensional 1H NMR structure of the nucleocapsid protein NCp10 of Moloney murine leukemia virus. J. Biomol. NMR **4**:153-170.

84. **Demirov, D. G. and E. O. Freed**. 2004. Retrovirus budding. Virus Res. **106**:87-102.

85. **Dey, A., D. York, A. Smalls-Mantey, and M. F. Summers**. 2005. Composition and sequence-dependent binding of RNA to the nucleocapsid protein of Moloney murine leukemia virus. Biochemistry **44**:3735-3744.

86. **Dib-Hajj, F., R. Khan, and D. P. Giedroc**. 1993. Retroviral nucleocapsid proteins possess potent nucleic acid strand renaturation activity. Protein Sci. **2**:231-243.

87. **Dirac, A. M., H. Huthoff, J. Kjems, and B. Berkhout**. 2002. Regulated HIV-2 RNA dimerization by means of alternative RNA conformations. Nucleic Acids Res. **30**:2647-2655.

88. **Dong, B., S. Kim, S. Hong, G. J. Das, K. Malathi, E. A. Klein, D. Ganem, J. L. DeRisi, S. A. Chow, and R. H. Silverman**. 2007. An infectious retrovirus susceptible to an IFN antiviral pathway from human prostate tumors. Proc. Natl. Acad. Sci. U. S. A **104**:1655-1660.

89. **Donze, O. and P. F. Spahr**. 1992. Role of the open reading frames of Rous sarcoma virus leader RNA in translation and genome packaging. EMBO J. **11**:3747-3757.

90. **Doria-Rose, N. A. and V. M. Vogt**. 1998. In vivo selection of Rous sarcoma virus mutants with randomized sequences in the packaging signal. J. Virol. **72**:8073-8082.

91. **Driscoll, M. D. and S. H. Hughes**. 2000. Human immunodeficiency virus type 1 nucleocapsid protein can prevent self-priming of minus-strand strong stop DNA by

promoting the annealing of short oligonucleotides to hairpin sequences. J. Virol. **74**:8785-8792.

92. **Duesberg, P. H.** 1968. Physical properties of Rous Sarcoma Virus RNA. Proc. Natl. Acad. Sci. U. S. A **60**:1511-1518.

93. **Dupraz, P., S. Oertle, C. Meric, P. Damay, and P. F. Spahr**. 1990. Point mutations in the proximal Cys-His box of Rous sarcoma virus nucleocapsid protein. J. Virol. **64**:4978-4987.

94. **Ellerman, V. and O. Bang**. 1908. Experimentelle Leukämie bei Hühnern. Zentralbl Bacteriol Parasitenkd Infektionskr Hyg **46**:595-609.

95. **Ennifar, E., J. C. Paillart, A. Bodlenner, P. Walter, J. M. Weibel, A. M. Aubertin, P. Pale, P. Dumas, and R. Marquet**. 2006. Targeting the dimerization initiation site of HIV-1 RNA with aminoglycosides: from crystal to cell. Nucleic Acids Res. **34**:2328-2339.

96. **Ennifar, E., J. C. Paillart, R. Marquet, B. Ehresmann, C. Ehresmann, P. Dumas, and P. Walter**. 2003. HIV-1 RNA dimerization initiation site is structurally similar to the ribosomal A site and binds aminoglycoside antibiotics. J. Biol. Chem. **278**:2723-2730.

97. **Ennifar, E., P. Walter, B. Ehresmann, C. Ehresmann, and P. Dumas**. 2001. Crystal structures of coaxially stacked kissing complexes of the HIV-1 RNA dimerization initiation site. Nat. Struct. Biol. **8**:1064-1068.

98. **Ennifar, E., M. Yusupov, P. Walter, R. Marquet, B. Ehresmann, C. Ehresmann, and P. Dumas**. 1999. The crystal structure of the dimerization initiation site of genomic HIV-1 RNA reveals an extended duplex with two adenine bulges. Structure. **7**:1439-1449.

99. **Erlwein, O., D. Cain, N. Fischer, A. Rethwilm, and M. O. McClure**. 1997. Identification of sites that act together to direct dimerization of human foamy virus RNA in vitro. Virology **229**:251-258.

100. **Farnet, C. M. and F. D. Bushman**. 1997. HIV-1 cDNA integration: requirement of HMG I(Y) protein for function of preintegration complexes in vitro. Cell **88**:483-492.

101. **Feng, Y. X., T. D. Copeland, L. E. Henderson, R. J. Gorelick, W. J. Bosche, J. G. Levin, and A. Rein**. 1996. HIV-1 nucleocapsid protein induces "maturation" of dimeric retroviral RNA in vitro. Proc. Natl. Acad. Sci. U. S. A **93**:7577-7581.

102. **Feng, Y. X., W. Fu, A. J. Winter, J. G. Levin, and A. Rein**. 1995. Multiple regions of Harvey sarcoma virus RNA can dimerize in vitro. J. Virol. **69**:2486-2490.

103. **Fisher, R. J., A. Rein, M. Fivash, M. A. Urbaneja, J. R. Casas-Finet, M. Medaglia, and L. E. Henderson**. 1998. Sequence-specific binding of human immunodeficiency virus type 1 nucleocapsid protein to short oligonucleotides. J. Virol. **72**:1902-1909.

104. **Fitzgerald, D. W. and J. E. Coleman**. 1991. Physicochemical properties of cloned nucleocapsid protein from HIV. Interactions with metal ions. Biochemistry **30**:5195-5201.

105. **Flint, S.J., L. W. Enquist, R. M. Krug, V. R. Racaniello, and A. M. Skalka**. 2000. Principles of Virology: Molecular biology, Pathogenesis, and Control. ASM Press, Washington.

106. **Flynn, J. A., W. An, S. R. King, and A. Telesnitsky**. 2004. Nonrandom dimerization of murine leukemia virus genomic RNAs. J. Virol. **78**:12129-12139.

107. **Flynn, J. A. and A. Telesnitsky**. 2006. Two distinct Moloney murine leukemia virus RNAs produced from a single locus dimerize at random. Virology **344**:391-400.

108. **Fornerod, M., M. Ohno, M. Yoshida, and I. W. Mattaj**. 1997. CRM1 is an export receptor for leucine-rich nuclear export signals. Cell **90**:1051-1060.

109. **Fosse, P., N. Motte, A. Roumier, C. Gabus, D. Muriaux, J. L. Darlix, and J. Paoletti**. 1996. A short autocomplementary sequence plays an essential role in avian sarcoma-leukosis virus RNA dimerization. Biochemistry **35**:16601-16609.

110. **Frame, M. C**. 2002. Src in cancer: deregulation and consequences for cell behaviour. Biochim. Biophys. Acta **1602**:114-130.

111. **Franke, E. K., H. E. Yuan, K. L. Bossolt, S. P. Goff, and J. Luban**. 1994. Specificity and sequence requirements for interactions between various retroviral Gag proteins. J. Virol. **68**:5300-5305.

112. **Freed, E. O**. 2002. Viral late domains. J. Virol. **76**:4679-4687.

113. **Freed, E. O. and M. A. Martin**. 1995. The role of human immunodeficiency virus type 1 envelope glycoproteins in virus infection. J. Biol. Chem. **270**:23883-23886.

114. **Freed, E. O. and M. A. Martin**. 1996. Domains of the human immunodeficiency virus type 1 matrix and gp41 cytoplasmic tail required for envelope incorporation into virions. J. Virol. **70**:341-351.

115. **Fu, W., R. J. Gorelick, and A. Rein**. 1994. Characterization of human immunodeficiency virus type 1 dimeric RNA from wild-type and protease-defective virions. J. Virol. **68**:5013-5018.

116. **Fu, W. and A. Rein**. 1993. Maturation of dimeric viral RNA of Moloney murine leukemia virus. J. Virol. **67**:5443-5449.

117. **Gallay, P., T. Hope, D. Chin, and D. Trono**. 1997. HIV-1 infection of nondividing cells through the recognition of integrase by the importin/karyopherin pathway. Proc. Natl. Acad. Sci. U. S. A **94**:9825-9830.

118. **Gallay, P., S. Swingler, J. Song, F. Bushman, and D. Trono**. 1995. HIV nuclear import is governed by the phosphotyrosine-mediated binding of matrix to the core domain of integrase. Cell **83**:569-576.

119. **Garbitt, R. A., J. A. Albert, M. D. Kessler, and L. J. Parent**. 2001. trans-acting inhibition of genomic RNA dimerization by Rous sarcoma virus matrix mutants. J. Virol. **75**:260-268.

120. **Garnier, L., J. W. Wills, M. F. Verderame, and M. Sudol**. 1996. WW domains and retrovirus budding. Nature **381**:744-745.

121. **Gheysen, D., E. Jacobs, F. F. de, C. Thiriart, M. Francotte, D. Thines, and W. M. De**. 1989. Assembly and release of HIV-1 precursor Pr55gag virus-like particles from recombinant baculovirus-infected insect cells. Cell **59**:103-112.

122. **Gilbert, J. M., L. D. Hernandez, J. W. Balliet, P. Bates, and J. M. White**. 1995. Receptor-induced conformational changes in the subgroup A avian leukosis and sarcoma virus envelope glycoprotein. J. Virol. **69**:7410-7415.

123. **Giles, K. E., M. Caputi, and K. L. Beemon**. 2004. Packaging and reverse transcription of snRNAs by retroviruses may generate pseudogenes. RNA. **10**:299-307.

124. **Girard, F., F. Barbault, C. Gouyette, T. Huynh-Dinh, J. Paoletti, and G. Lancelot**. 1999. Dimer initiation sequence of HIV-1Lai genomic RNA: NMR solution structure of the extended duplex. J. Biomol. Struct. Dyn. **16**:1145-1157.

125. **Girard, P. M., B. Bonnet-Mathoniere, D. Muriaux, and J. Paoletti**. 1995. A short autocomplementary sequence in the 5' leader region is responsible for dimerization of MoMuLV genomic RNA. Biochemistry **34**:9785-9794.

126. **Girard, P. M., R. H. de, B. P. Roques, and J. Paoletti**. 1996. A model of PSI dimerization: destabilization of the C278-G303 stem-loop by the nucleocapsid protein (NCp10) of MoMuLV. Biochemistry **35**:8705-8714.

127. **Girod, A., A. Drynda, F. L. Cosset, G. Verdier, and C. Ronfort**. 1996. Homologous and nonhomologous retroviral recombinations are both involved in the transfer by infectious particles of defective avian leukosis virus-derived transcomplementing genomes. J. Virol. **70**:5651-5657.

128. **Godet, J., R. H. de, C. Raja, N. Glasser, D. Ficheux, J. L. Darlix, and Y. Mely**. 2006. During the early phase of HIV-1 DNA synthesis, nucleocapsid protein directs hybridization of the TAR complementary sequences via the ends of their double-stranded stem. J. Mol. Biol. **356**:1180-1192.

129. **Gontarek, R. R., M. T. McNally, and K. Beemon**. 1993. Mutation of an RSV intronic element abolishes both U11/U12 snRNP binding and negative regulation of splicing. Genes Dev. **7**:1926-1936.

130. **Gottlinger, H. G., J. G. Sodroski, and W. A. Haseltine**. 1989. Role of capsid precursor processing and myristoylation in morphogenesis and infectivity of human immunodeficiency virus type 1. Proc. Natl. Acad. Sci. U. S. A **86**:5781-5785.

131. **Greatorex, J. S., V. Laisse, M. C. Dockhelar, and A. M. Lever**. 1996. Sequences involved in the dimerisation of human T cell leukaemia virus type-1 RNA. Nucleic Acids Res. **24**:2919-2923.

132. **Green, L. M. and J. M. Berg**. 1990. Retroviral nucleocapsid protein-metal ion interactions: folding and sequence variants. Proc. Natl. Acad. Sci. U. S. A **87**:6403-6407.

133. **Guo, J., L. E. Henderson, J. Bess, B. Kane, and J. G. Levin**. 1997. Human immunodeficiency virus type 1 nucleocapsid protein promotes efficient strand transfer and specific viral DNA synthesis by inhibiting TAR-dependent self-priming from minus-strand strong-stop DNA. J. Virol. **71**:5178-5188.

134. **Guo, J., T. Wu, J. Anderson, B. F. Kane, D. G. Johnson, R. J. Gorelick, L. E. Henderson, and J. G. Levin**. 2000. Zinc finger structures in the human immunodeficiency virus type 1 nucleocapsid protein facilitate efficient minus- and plus-strand transfer. J. Virol. **74**:8980-8988.

135. **Hackett, P. B., M. W. Dalton, D. P. Johnson, and R. B. Petersen**. 1991. Phylogenetic and physical analysis of the 5' leader RNA sequences of avian retroviruses. Nucleic Acids Res. **19**:6929-6934.

136. **Hagan, N. A. and D. Fabris**. 2007. Dissecting the protein-RNA and RNA-RNA interactions in the nucleocapsid-mediated dimerization and isomerization of HIV-1 stemloop 1. J. Mol. Biol. **365**:396-410.

137. **Hajjar, A. M. and M. L. Linial**. 1993. A model system for nonhomologous recombination between retroviral and cellular RNA. J. Virol. **67**:3845-3853.

138. **Harrison, G. P., G. Miele, E. Hunter, and A. M. Lever**. 1998. Functional analysis of the core human immunodeficiency virus type 1 packaging signal in a permissive cell line. J. Virol. **72**:5886-5896.

139. **Hatziioannou, T. and S. P. Goff**. 2001. Infection of nondividing cells by Rous sarcoma virus. J. Virol. **75**:9526-9531.

140. **Hayashi, T., T. Shioda, Y. Iwakura, and H. Shibuta**. 1992. RNA packaging signal of human immunodeficiency virus type 1. Virology **188**:590-599.

141. **Hayward, W. S., B. G. Neel, and S. M. Astrin**. 1981. Activation of a cellular onc gene by promoter insertion in ALV-induced lymphoid leukosis. Nature **290**:475-480.

142. **Heilman-Miller, S. L., T. Wu, and J. G. Levin**. 2004. Alteration of nucleic acid structure and stability modulates the efficiency of minus-strand transfer mediated by the HIV-1 nucleocapsid protein. J. Biol. Chem. **279**:44154-44165.

143. **Hibbert, C. S., J. Mirro, and A. Rein**. 2004. mRNA molecules containing murine leukemia virus packaging signals are encapsidated as dimers. J. Virol. **78**:10927-10938.

144. **Hoglund, S., A. Ohagen, J. Goncalves, A. T. Panganiban, and D. Gabuzda**. 1997. Ultrastructure of HIV-1 genomic RNA. Virology **233**:271-279.

145. **Holm, K., K. Weclewicz, R. Hewson, and M. Suomalainen**. 2003. Human immunodeficiency virus type 1 assembly and lipid rafts: Pr55(gag) associates with membrane domains that are largely resistant to Brij98 but sensitive to Triton X-100. J. Virol. **77**:4805-4817.

146. **Houzet, L., J. C. Paillart, F. Smagulova, S. Maurel, Z. Morichaud, R. Marquet, and M. Mougel**. 2007. HIV controls the selective packaging of genomic, spliced viral and cellular RNAs into virions through different mechanisms. Nucleic Acids Res. **35**:2695-2704.

147. **Hunter, E., E. Hill, M. Hardwick, A. Bhown, D. E. Schwartz, and R. Tizard**. 1983. Complete sequence of the Rous sarcoma virus env gene: identification of structural and functional regions of its product. J. Virol. **46**:920-936.

148. **Husken, D., G. Goodall, M. J. Blommers, W. Jahnke, J. Hall, R. Haner, and H. E. Moser**. 1996. Creating RNA bulges: cleavage of RNA in RNA/DNA duplexes by metal ion catalysis. Biochemistry **35**:16591-16600.

149. **Jacks, T., H. D. Madhani, F. R. Masiarz, and H. E. Varmus**. 1988. Signals for ribosomal frameshifting in the Rous sarcoma virus gag-pol region. Cell **55**:447-458.

150. **Jentoft, J. E., L. M. Smith, X. D. Fu, M. Johnson, and J. Leis**. 1988. Conserved cysteine and histidine residues of the avian myeloblastosis virus nucleocapsid protein are essential for viral replication but are not "zinc-binding fingers". Proc. Natl. Acad. Sci. U. S. A **85**:7094-7098.

151. **Jewell, N. A. and L. M. Mansky**. 2000. In the beginning: genome recognition, RNA encapsidation and the initiation of complex retrovirus assembly. J. Gen. Virol. **81**:1889-1899.

152. **Johnson, P. E., R. B. Turner, Z. R. Wu, L. Hairston, J. Guo, J. G. Levin, and M. F. Summers**. 2000. A mechanism for plus-strand transfer enhancement by the HIV-1 nucleocapsid protein during reverse transcription. Biochemistry **39**:9084-9091.

153. **Jones, J. S., R. W. Allan, B. Seufzer, and H. M. Temin**. 1994. Copackaging of different-sized retroviral genomic RNAs: little effect on retroviral replication or recombination. J. Virol. **68**:4097-4103.

154. **Jones, J. S., R. W. Allan, and H. M. Temin**. 1993. Alteration of location of dimer linkage sequence in retroviral RNA: little effect on replication or homologous recombination. J. Virol. **67**:3151-3158.

155. **Jossinet, F., J. S. Lodmell, C. Ehresmann, B. Ehresmann, and R. Marquet**. 2001. Identification of the in vitro HIV-2/SIV RNA dimerization site reveals striking differences with HIV-1. J. Biol. Chem. **276**:5598-5604.

156. **Kanevsky, I., N. Vasilenko, H. Dumay-Odelot, and P. Fosse**. 2003. In vitro characterization of a base pairing interaction between the primer binding site and the

minimal packaging signal of avian leukosis virus genomic RNA. Nucleic Acids Res. **31**:7070-7082.

157. **Karpel, R. L., L. E. Henderson, and S. Oroszlan**. 1987. Interactions of retroviral structural proteins with single-stranded nucleic acids. J. Biol. Chem. **262**:4961-4967.

158. **Katoh, I., T. Yasunaga, and Y. Yoshinaka**. 1993. Bovine leukemia virus RNA sequences involved in dimerization and specific gag protein binding: close relation to the packaging sites of avian, murine, and human retroviruses. J. Virol. **67**:1830-1839.

159. **Katz, R. A., X. D. Fu, A. M. Skalka, and J. Leis**. 1986. Avian retrovirus nucleocapsid protein, pp12, produced in Escherichia coli has biochemical properties identical to unphosphorylated viral protein. Gene **50**:361-369.

160. **Katz, R. A., R. W. Terry, and A. M. Skalka**. 1986. A conserved cis-acting sequence in the 5' leader of avian sarcoma virus RNA is required for packaging. J. Virol. **59**:163-167.

161. **Kawai, S. and T. Koyama**. 1984. Characterization of a Rous sarcoma virus mutant defective in packaging its own genomic RNA: biological properties of mutant TK15 and mutant-induced transformants. J. Virol. **51**:147-153.

162. **Khan, R. and D. P. Giedroc**. 1992. Recombinant human immunodeficiency virus type 1 nucleocapsid (NCp7) protein unwinds tRNA. J. Biol. Chem. **267**:6689-6695.

163. **Kharytonchyk, S. A., A. I. Kireyeva, A. B. Osipovich, and I. K. Fomin**. 2005. Evidence for preferential copackaging of Moloney murine leukemia virus genomic RNAs transcribed in the same chromosomal site. Retrovirology. **2**:3.

164. **Kieken, F., F. Paquet, F. Brule, J. Paoletti, and G. Lancelot**. 2006. A new NMR solution structure of the SL1 HIV-1Lai loop-loop dimer. Nucleic Acids Res. **34**:343-352.

165. **Knight, J. B., Z. H. Si, and C. M. Stoltzfus**. 1994. A base-paired structure in the avian sarcoma virus 5' leader is required for efficient encapsidation of RNA. J. Virol. **68**:4493-4502.

166. **Koyama, T., F. Harada, and S. Kawai**. 1984. Characterization of a Rous sarcoma virus mutant defective in packaging its own genomic RNA: biochemical properties of mutant TK15 and mutant-induced transformants. J. Virol. **51**:154-162.

167. **Krausslich, H. G. and R. Welker**. 1996. Intracellular transport of retroviral capsid components. Curr. Top. Microbiol. Immunol. **214**:25-63.

168. **Krishnamoorthy, G., B. Roques, J. L. Darlix, and Y. Mely**. 2003. DNA condensation by the nucleocapsid protein of HIV-1: a mechanism ensuring DNA protection. Nucleic Acids Res. **31**:5425-5432.

169. **Kung, H. J., S. Hu, W. Bender, J. M. Bailey, N. Davidson, M. O. Nicolson, and R. M. McAllister**. 1976. RD-114, baboon, and woolly monkey viral RNA's compared in size and structure. Cell **7**:609-620.

170. **Kurg, A., G. Sommer, and A. Metspalu**. 1995. An RNA stem-loop structure involved in the packaging of bovine leukemia virus genomic RNA in vivo. Virology **211**:434-442.

171. **Lapadat-Tapolsky, M., C. Pernelle, C. Borie, and J. L. Darlix**. 1995. Analysis of the nucleic acid annealing activities of nucleocapsid protein from HIV-1. Nucleic Acids Res. **23**:2434-2441.

172. **Larson, D. R., Y. M. Ma, V. M. Vogt, and W. W. Webb**. 2003. Direct measurement of Gag-Gag interaction during retrovirus assembly with FRET and fluorescence correlation spectroscopy. J. Cell Biol. **162**:1233-1244.

173. **Laughrea, M. and L. Jette**. 1996. Kissing-loop model of HIV-1 genome dimerization: HIV-1 RNAs can assume alternative dimeric forms, and all sequences upstream or downstream of hairpin 248-271 are dispensable for dimer formation. Biochemistry **35**:1589-1598.

174. **Laughrea, M. and L. Jette**. 1994. A 19-nucleotide sequence upstream of the 5' major splice donor is part of the dimerization domain of human immunodeficiency virus 1 genomic RNA. Biochemistry **33**:13464-13474.

175. **Laughrea, M., L. Jette, J. Mak, L. Kleiman, C. Liang, and M. A. Wainberg**. 1997. Mutations in the kissing-loop hairpin of human immunodeficiency virus type 1 reduce viral infectivity as well as genomic RNA packaging and dimerization. J. Virol. **71**:3397-3406.

176. **Laughrea, M., N. Shen, L. Jette, and M. A. Wainberg**. 1999. Variant effects of non-native kissing-loop hairpin palindromes on HIV replication and HIV RNA dimerization: role of stem-loop B in HIV replication and HIV RNA dimerization. Biochemistry **38**:226-234.

177. **Le, C. E., D. Coulaud, E. Delain, P. Petitjean, B. P. Roques, D. Gerard, E. Stoylova, C. Vuilleumier, S. P. Stoylov, and Y. Mely**. 1998. Properties and growth mechanism of the ordered aggregation of a model RNA by the HIV-1 nucleocapsid protein: an electron microscopy investigation. Biopolymers **45**:217-229.

178. **Lear, A. L., M. Haddrick, and S. Heaphy**. 1995. A study of the dimerization of Rous sarcoma virus RNA in vitro and in vivo. Virology **212**:47-57.

179. **Lee, B. M., R. N. De Guzman, B. G. Turner, N. Tjandra, and M. F. Summers**. 1998. Dynamical behavior of the HIV-1 nucleocapsid protein. J. Mol. Biol. **279**:633-649.

180. **Lee, E. G., A. Alidina, C. May, and M. L. Linial**. 2003. Importance of basic residues in binding of rous sarcoma virus nucleocapsid to the RNA packaging signal. J. Virol. **77**:2010-2020.

181. **Lee, E. G. and M. L. Linial**. 2000. Yeast three-hybrid screening of rous sarcoma virus mutants with randomly mutagenized minimal packaging signals reveals regions important for gag interactions. J. Virol. **74**:9167-9174.

182. **Lee, M. S. and R. Craigie**. 1994. Protection of retroviral DNA from autointegration: involvement of a cellular factor. Proc. Natl. Acad. Sci. U. S. A **91**:9823-9827.

183. **Lever, A., H. Gottlinger, W. Haseltine, and J. Sodroski**. 1989. Identification of a sequence required for efficient packaging of human immunodeficiency virus type 1 RNA into virions. J. Virol. **63**:4085-4087.

184. **Levin, J. G., J. Guo, I. Rouzina, and K. Musier-Forsyth**. 2005. Nucleic acid chaperone activity of HIV-1 nucleocapsid protein: critical role in reverse transcription and molecular mechanism. Prog. Nucleic Acid Res. Mol. Biol. **80**:217-286.

185. **Li, X., C. Liang, Y. Quan, R. Chandok, M. Laughrea, M. A. Parniak, L. Kleiman, and M. A. Wainberg**. 1997. Identification of sequences downstream of the primer binding site that are important for efficient replication of human immunodeficiency virus type 1. J. Virol. **71**:6003-6010.

186. **Lodmell, J. S., C. Ehresmann, B. Ehresmann, and R. Marquet**. 2000. Convergence of natural and artificial evolution on an RNA loop-loop interaction: the HIV-1 dimerization initiation site. RNA. **6**:1267-1276.

187. **Lodmell, J. S., C. Ehresmann, B. Ehresmann, and R. Marquet**. 2001. Structure and dimerization of HIV-1 kissing loop aptamers. J. Mol. Biol. **311**:475-490.

188. **Long, C. W., L. E. Henderson, and S. Oroszlan**. 1980. Isolation and characterization of low-molecular-weight DNA-binding proteins from retroviruses. Virology **104**:491-496.

189. **Luban, J., K. B. Alin, K. L. Bossolt, T. Humaran, and S. P. Goff**. 1992. Genetic assay for multimerization of retroviral gag polyproteins. J. Virol. **66**:5157-5160.

190. **Lund, A. H., J. G. Mikkelsen, J. Schmidt, M. Duch, and F. S. Pedersen**. 1999. The kissing-loop motif is a preferred site of 5' leader recombination during replication of SL3-3 murine leukemia viruses in mice. J. Virol. **73**:9614-9618.

191. **Ly, H. and T. G. Parslow**. 2002. Bipartite signal for genomic RNA dimerization in Moloney murine leukemia virus. J. Virol. **76**:3135-3144.

192. **Malim, M. H. and M. Emerman**. 2001. HIV-1 sequence variation: drift, shift, and attenuation. Cell **104**:469-472.

193. **Mangel, W. F., H. Delius, and P. H. Duesberg**. 1974. Structure and molecular weight of the 60-70S RNA and the 30-40S RNA of the Rous sarcoma virus. Proc. Natl. Acad. Sci. U. S. A **71**:4541-4545.

194. **Marquet, R., F. Baudin, C. Gabus, J. L. Darlix, M. Mougel, C. Ehresmann, and B. Ehresmann**. 1991. Dimerization of human immunodeficiency virus (type 1) RNA: stimulation by cations and possible mechanism. Nucleic Acids Res. **19**:2349-2357.

195. **Marquet, R., J. C. Paillart, E. Skripkin, C. Ehresmann, and B. Ehresmann**. 1994. Dimerization of human immunodeficiency virus type 1 RNA involves sequences located upstream of the splice donor site. Nucleic Acids Res. **22**:145-151.

196. **Mattaj, I. W. and L. Englmeier**. 1998. Nucleocytoplasmic transport: the soluble phase. Annu. Rev. Biochem. **67**:265-306.

197. **Maurer, B. and R. M. Flugel**. 1988. Genomic organization of the human spumaretrovirus and its relatedness to AIDS and other retroviruses. AIDS Res. Hum. Retroviruses **4**:467-473.

198. **McBride, M. S. and A. T. Panganiban**. 1997. Position dependence of functional hairpins important for human immunodeficiency virus type 1 RNA encapsidation in vivo. J. Virol. **71**:2050-2058.

199. **McBride, M. S. and A. T. Panganiban**. 1996. The human immunodeficiency virus type 1 encapsidation site is a multipartite RNA element composed of functional hairpin structures. J. Virol. **70**:2963-2973.

200. **McNally, M. T. and K. Beemon**. 1992. Intronic sequences and 3' splice sites control Rous sarcoma virus RNA splicing. J. Virol. **66**:6-11.

201. **McNally, M. T., R. R. Gontarek, and K. Beemon**. 1991. Characterization of Rous sarcoma virus intronic sequences that negatively regulate splicing. Virology **185**:99-108.

202. **McPike, M. P., J. M. Sullivan, J. Goodisman, and J. C. Dabrowiak**. 2002. Footprinting, circular dichroism and UV melting studies on neomycin B binding to the packaging region of human immunodeficiency virus type-1 RNA. Nucleic Acids Res. **30**:2825-2831.

203. **Mely, Y., N. Jullian, N. Morellet, R. H. de, C. Z. Dong, E. Piemont, B. P. Roques, and D. Gerard**. 1994. Spatial proximity of the HIV-1 nucleocapsid protein zinc fingers investigated by time-resolved fluorescence and fluorescence resonance energy transfer. Biochemistry **33**:12085-12091.

204. **Meric, C., J. L. Darlix, and P. F. Spahr**. 1984. It is Rous sarcoma virus protein P12 and not P19 that binds tightly to Rous sarcoma virus RNA. J. Mol. Biol. **173**:531-538.

205. **Meric, C., E. Gouilloud, and P. F. Spahr**. 1988. Mutations in Rous sarcoma virus nucleocapsid protein p12 (NC): deletions of Cys-His boxes. J. Virol. **62**:3328-3333.

206. **Meric, C. and P. F. Spahr**. 1986. Rous sarcoma virus nucleic acid-binding protein p12 is necessary for viral 70S RNA dimer formation and packaging. J. Virol. **60**:450-459.

207. **Mihailescu, M. R. and J. P. Marino**. 2004. A proton-coupled dynamic conformational switch in the HIV-1 dimerization initiation site kissing complex. Proc. Natl. Acad. Sci. U. S. A **101**:1189-1194.

208. **Mikkelsen, J. G., A. H. Lund, K. D. Kristensen, M. Duch, M. S. Sorensen, P. Jorgensen, and F. S. Pedersen**. 1996. A preferred region for recombinational patch repair in the 5' untranslated region of primer binding site-impaired murine leukemia virus vectors. J. Virol. **70**:1439-1447.

209. **Mikkelsen, J. G., S. V. Rasmussen, and F. S. Pedersen**. 2004. Complementarity-directed RNA dimer-linkage promotes retroviral recombination in vivo. Nucleic Acids Res. **32**:102-114.

210. **Miller, J. T., Z. Ge, S. Morris, K. Das, and J. Leis**. 1997. Multiple biological roles associated with the Rous sarcoma virus 5' untranslated RNA U5-IR stem and loop. J. Virol. **71**:7648-7656.

211. **Miller, J. T. and C. M. Stoltzfus**. 1992. Two distant upstream regions containing cis-acting signals regulating splicing facilitate 3'-end processing of avian sarcoma virus RNA. J. Virol. **66**:4242-4251.

212. **Mirambeau, G., S. Lyonnais, D. Coulaud, L. Hameau, S. Lafosse, J. Jeusset, A. Justome, E. Delain, R. J. Gorelick, and C. E. Le**. 2006. Transmission electron microscopy reveals an optimal HIV-1 nucleocapsid aggregation with single-stranded nucleic acids and the mature HIV-1 nucleocapsid protein. J. Mol. Biol. **364**:496-511.

213. **Moore, M. D., W. Fu, O. Nikolaitchik, J. Chen, R. G. Ptak, and W. S. Hu**. 2007. Dimer initiation signal of human immunodeficiency virus type 1: its role in partner selection during RNA copackaging and its effects on recombination. J. Virol. **81**:4002-4011.

214. **Morellet, N., R. H. de, Y. Mely, N. Jullian, H. Demene, M. Ottmann, D. Gerard, J. L. Darlix, M. C. Fournie-Zaluski, and B. P. Roques**. 1994. Conformational behaviour of the active and inactive forms of the nucleocapsid NCp7 of HIV-1 studied by 1H NMR. J. Mol. Biol. **235**:287-301.

215. **Morellet, N., H. Demene, V. Teilleux, T. Huynh-Dinh, R. H. de, M. C. Fournie-Zaluski, and B. P. Roques**. 1998. Structure of the complex between the HIV-1 nucleocapsid protein NCp7 and the single-stranded pentanucleotide d(ACGCC). J. Mol. Biol. **283**:419-434.

216. **Morellet, N., N. Jullian, R. H. de, B. Maigret, J. L. Darlix, and B. P. Roques**. 1992. Determination of the structure of the nucleocapsid protein NCp7 from the human immunodeficiency virus type 1 by 1H NMR. EMBO J. **11**:3059-3065.

217. **Mougel, M., N. Tounekti, J. L. Darlix, J. Paoletti, B. Ehresmann, and C. Ehresmann**. 1993. Conformational analysis of the 5' leader and the gag initiation site of Mo-MuLV RNA and allosteric transitions induced by dimerization. Nucleic Acids Res. **21**:4677-4684.

218. **Moumen, A., L. Polomack, B. Roques, H. Buc, and M. Negroni**. 2001. The HIV-1 repeated sequence R as a robust hot-spot for copy-choice recombination. Nucleic Acids Res. **29**:3814-3821.

219. **Mujeeb, A., J. L. Clever, T. M. Billeci, T. L. James, and T. G. Parslow**. 1998. Structure of the dimer initiation complex of HIV-1 genomic RNA. Nat. Struct. Biol. **5**:432-436.

220. **Mujeeb, A., T. G. Parslow, A. Zarrinpar, C. Das, and T. L. James**. 1999. NMR structure of the mature dimer initiation complex of HIV-1 genomic RNA. FEBS Lett. **458**:387-392.

221. **Mujeeb, A., N. B. Ulyanov, S. Georgantis, I. Smirnov, J. Chung, T. G. Parslow, and T. L. James**. 2007. Nucleocapsid protein-mediated maturation of dimer initiation complex of full-length SL1 stemloop of HIV-1: sequence effects and mechanism of RNA refolding. Nucleic Acids Res. **35**:2026-2034.

222. **Muriaux, D., R. H. de, B. P. Roques, and J. Paoletti**. 1996. NCp7 activates HIV-1Lai RNA dimerization by converting a transient loop-loop complex into a stable dimer. J. Biol. Chem. **271**:33686-33692.

223. **Muriaux, D., P. Fosse, and J. Paoletti**. 1996. A kissing complex together with a stable dimer is involved in the HIV-1Lai RNA dimerization process in vitro. Biochemistry **35**:5075-5082.

224. **Muriaux, D., P. M. Girard, B. Bonnet-Mathoniere, and J. Paoletti**. 1995. Dimerization of HIV-1Lai RNA at low ionic strength. An autocomplementary sequence in the 5' leader region is evidenced by an antisense oligonucleotide. J. Biol. Chem. **270**:8209-8216.

225. **Muriaux, D., J. Mirro, D. Harvin, and A. Rein**. 2001. RNA is a structural element in retrovirus particles. Proc. Natl. Acad. Sci. U. S. A **98**:5246-5251.

226. **Muriaux, D. and A. Rein**. 2003. Encapsidation and transduction of cellular genes by retroviruses. Front Biosci. **8**:d135-d142.

227. **Murti, K. G., M. Bondurant, and A. Tereba**. 1981. Secondary structural features in the 70S RNAs of Moloney murine leukemia and Rous sarcoma viruses as observed by electron microscopy. J. Virol. **37**:411-419.

228. **Negroni, M. and H. Buc**. 2001. Retroviral recombination: what drives the switch? Nat. Rev. Mol. Cell Biol. **2**:151-155.

229. **Negroni, M. and H. Buc**. 2001. Mechanisms of retroviral recombination. Annu. Rev. Genet. **35**:275-302.

230. **Nelle, T. D. and J. W. Wills**. 1996. A large region within the Rous sarcoma virus matrix protein is dispensable for budding and infectivity. J. Virol. **70**:2269-2276.

231. **Nikolaitchik, O., T. D. Rhodes, D. Ott, and W. S. Hu**. 2006. Effects of mutations in the human immunodeficiency virus type 1 Gag gene on RNA packaging and recombination. J. Virol. **80**:4691-4697.

232. **Nishizawa, M., N. Goto, and S. Kawai**. 1987. An avian transforming retrovirus isolated from a nephroblastoma that carries the fos gene as the oncogene. J. Virol. **61**:3733-3740.

233. **Nishizawa, M., T. Koyama, and S. Kawai**. 1985. Unusual features of the leader sequence of Rous sarcoma virus packaging mutant TK15. J. Virol. **55**:881-885.

234. **Nishizawa, M., T. Koyama, and S. Kawai**. 1987. Frequent segregation of more-defective variants from a Rous sarcoma virus packaging mutant, TK15. J. Virol. **61**:3208-3213.

235. **Norton, P. A. and J. M. Coffin**. 1985. Bacterial beta-galactosidase as a marker of Rous sarcoma virus gene expression and replication. Mol. Cell Biol. **5**:281-290.

236. **Oertle, S. and P. F. Spahr**. 1990. Role of the gag polyprotein precursor in packaging and maturation of Rous sarcoma virus genomic RNA. J. Virol. **64**:5757-5763.

237. **Ogert, R. A. and K. L. Beemon**. 1998. Mutational analysis of the rous sarcoma virus DR posttranscriptional control element. J. Virol. **72**:3407-3411.

238. **Ogert, R. A., L. H. Lee, and K. L. Beemon**. 1996. Avian retroviral RNA element promotes unspliced RNA accumulation in the cytoplasm. J. Virol. **70**:3834-3843.

239. **Ohi, Y. and J. L. Clever**. 2000. Sequences in the 5' and 3' R elements of human immunodeficiency virus type 1 critical for efficient reverse transcription. J. Virol. **74**:8324-8334.

240. **Oker-Blom, N., L. Hortling, A. Kallio, E. L. Nurmiaho, and H. Westermarck**. 1978. OK 10 virus, an avian retrovirus resembling the acute leukaemia viruses. J. Gen. Virol. **40**:623-633.

241. **Onafuwa-Nuga, A. A., A. Telesnitsky, and S. R. King**. 2006. 7SL RNA, but not the 54-kd signal recognition particle protein, is an abundant component of both infectious HIV-1 and minimal virus-like particles. RNA. **12**:542-546.

242. **Ono, A. and E. O. Freed**. 2001. Plasma membrane rafts play a critical role in HIV-1 assembly and release. Proc. Natl. Acad. Sci. U. S. A **98**:13925-13930.

243. **Ono, A., J. M. Orenstein, and E. O. Freed**. 2000. Role of the Gag matrix domain in targeting human immunodeficiency virus type 1 assembly. J. Virol. **74**:2855-2866.

244. **Ooms, M., H. Huthoff, R. Russell, C. Liang, and B. Berkhout**. 2004. A riboswitch regulates RNA dimerization and packaging in human immunodeficiency virus type 1 virions. J. Virol. **78**:10814-10819.

245. **Oppermann, H., A. D. Levinson, H. E. Varmus, L. Levintow, and J. M. Bishop**. 1979. Uninfected vertebrate cells contain a protein that is closely related to the product of the avian sarcoma virus transforming gene (src). Proc. Natl. Acad. Sci. U. S. A **76**:1804-1808.

246. **Ortiz-Conde, B. A. and S. H. Hughes**. 1999. Studies of the genomic RNA of leukosis viruses: implications for RNA dimerization. J. Virol. **73**:7165-7174.

247. **Paca, R. E., R. A. Ogert, C. S. Hibbert, E. Izaurralde, and K. L. Beemon**. 2000. Rous sarcoma virus DR posttranscriptional elements use a novel RNA export pathway. J. Virol. **74**:9507-9514.

248. **Pager, J., D. Coulaud, and E. Delain**. 1994. Electron microscopy of the nucleocapsid from disrupted Moloney murine leukemia virus and of associated type VI collagen-like filaments. J. Virol. **68**:223-232.

249. **Paillart, J. C., L. Berthoux, M. Ottmann, J. L. Darlix, R. Marquet, B. Ehresmann, and C. Ehresmann**. 1996. A dual role of the putative RNA dimerization initiation site of human immunodeficiency virus type 1 in genomic RNA packaging and proviral DNA synthesis. J. Virol. **70**:8348-8354.

250. **Paillart, J. C., M. Shehu-Xhilaga, R. Marquet, and J. Mak**. 2004. Dimerization of retroviral RNA genomes: an inseparable pair. Nat. Rev. Microbiol. **2**:461-472.

251. **Paillart, J. C., E. Skripkin, B. Ehresmann, C. Ehresmann, and R. Marquet**. 1996. A loop-loop "kissing" complex is the essential part of the dimer linkage of genomic HIV-1 RNA. Proc. Natl. Acad. Sci. U. S. A **93**:5572-5577.

252. **Paillart, J. C., E. Westhof, C. Ehresmann, B. Ehresmann, and R. Marquet**. 1997. Non-canonical interactions in a kissing loop complex: the dimerization initiation site of HIV-1 genomic RNA. J. Mol. Biol. **270**:36-49.

253. **Parent, L. J., R. P. Bennett, R. C. Craven, T. D. Nelle, N. K. Krishna, J. B. Bowzard, C. B. Wilson, B. A. Puffer, R. C. Montelaro, and J. W. Wills**. 1995. Positionally independent and exchangeable late budding functions of the Rous sarcoma virus and human immunodeficiency virus Gag proteins. J. Virol. **69**:5455-5460.

254. **Parent, L. J., T. M. Cairns, J. A. Albert, C. B. Wilson, J. W. Wills, and R. C. Craven**. 2000. RNA dimerization defect in a Rous sarcoma virus matrix mutant. J. Virol. **74**:164-172.

255. **Parent, L. J., C. B. Wilson, M. D. Resh, and J. W. Wills**. 1996. Evidence for a second function of the MA sequence in the Rous sarcoma virus Gag protein. J. Virol. **70**:1016-1026.

256. **Patarca, R. and W. A. Haseltine**. 1985. A major retroviral core protein related to EPA and TIMP. Nature **318**:390.

257. **Patnaik, A., V. Chau, and J. W. Wills**. 2000. Ubiquitin is part of the retrovirus budding machinery. Proc. Natl. Acad. Sci. U. S. A **97**:13069-13074.

258. **Payne, L. N., A. M. Gillespie, and K. Howes**. 1992. Myeloid leukaemogenicity and transmission of the HPRS-103 strain of avian leukosis virus. Leukemia **6**:1167-1176.

259. **Payne, L. N., K. Howes, A. M. Gillespie, and L. M. Smith**. 1992. Host range of Rous sarcoma virus pseudotype RSV(HPRS-103) in 12 avian species: support for a new avian retrovirus envelope subgroup, designated J. J. Gen. Virol. **73 (Pt 11)**:2995-2997.

260. **Polge, E., J. L. Darlix, J. Paoletti, and P. Fosse**. 2000. Characterization of loose and tight dimer forms of avian leukosis virus RNA. J. Mol. Biol. **300**:41-56.

261. **Pornillos, O., J. E. Garrus, and W. I. Sundquist**. 2002. Mechanisms of enveloped RNA virus budding. Trends Cell Biol. **12**:569-579.

262. **Prats, A. C., C. Roy, P. A. Wang, M. Erard, V. Housset, C. Gabus, C. Paoletti, and J. L. Darlix**. 1990. cis elements and trans-acting factors involved in dimer formation of murine leukemia virus RNA. J. Virol. **64**:774-783.

263. **Prats, A. C., L. Sarih, C. Gabus, S. Litvak, G. Keith, and J. L. Darlix**. 1988. Small finger protein of avian and murine retroviruses has nucleic acid annealing activity and positions the replication primer tRNA onto genomic RNA. EMBO J. **7**:1777-1783.

264. **Quade, K., R. E. Smith, and J. L. Nichols**. 1974. Evidence for common nucleotide sequences in the RNA subunits comprising Rous sarcoma virus 70 S RNA. Virology **61**:287-291.

265. **Rabson, A.B., and B. J. Graves**. 1997. Retroviruses. Cold Spring Harbor Laboratory Press, Cold Spring Harbor, NY.

266. **Rai, T., M. Caffrey, and L. Rong**. 2005. Identification of two residues within the LDL-A module of Tva that dictate the altered receptor specificity of mutant subgroup A avian sarcoma and leukosis viruses. J. Virol. **79**:14962-14966.

267. **Ramboarina, S., N. Srividya, R. A. Atkinson, N. Morellet, B. P. Roques, J. F. Lefevre, Y. Mely, and B. Kieffer**. 2002. Effects of temperature on the dynamic behaviour of the HIV-1 nucleocapsid NCp7 and its DNA complex. J. Mol. Biol. **316**:611-627.

268. **Rasmussen, S. V. and F. S. Pedersen**. 2006. Co-localization of gammaretroviral RNAs at their transcription site favours co-packaging. J. Gen. Virol. **87**:2279-2289.

269. **Rein, A., D. P. Harvin, J. Mirro, S. M. Ernst, and R. J. Gorelick**. 1994. Evidence that a central domain of nucleocapsid protein is required for RNA packaging in murine leukemia virus. J. Virol. **68**:6124-6129.

270. **Rein, A., L. E. Henderson, and J. G. Levin**. 1998. Nucleic-acid-chaperone activity of retroviral nucleocapsid proteins: significance for viral replication. Trends Biochem. Sci. **23**:297-301.

271. **Remy, E., R. H. de, P. Petitjean, D. Muriaux, V. Theilleux, J. Paoletti, and B. P. Roques**. 1998. The annealing of tRNA3Lys to human immunodeficiency virus type 1 primer binding site is critically dependent on the NCp7 zinc fingers structure. J. Biol. Chem. **273**:4819-4822.

272. **Rist, M. J. and J. P. Marino**. 2002. Mechanism of nucleocapsid protein catalyzed structural isomerization of the dimerization initiation site of HIV-1. Biochemistry **41**:14762-14770.

273. **Rous, P.** 1911. A sarcoma of the fowl transmissible by an agent separable from the tumor cells. J. Exp. Med **13**:397-411.

274. **Roy, C., N. Tounekti, M. Mougel, J. L. Darlix, C. Paoletti, C. Ehresmann, B. Ehresmann, and J. Paoletti**. 1990. An analytical study of the dimerization of in vitro generated RNA of Moloney murine leukemia virus MoMuLV. Nucleic Acids Res. **18**:7287-7292.

275. **Royer, M., M. Cerutti, B. Gay, S. S. Hong, G. Devauchelle, and P. Boulanger**. 1991. Functional domains of HIV-1 gag-polyprotein expressed in baculovirus-infected cells. Virology **184**:417-422.

276. **Sakaguchi, K., N. Zambrano, E. T. Baldwin, B. A. Shapiro, J. W. Erickson, J. G. Omichinski, G. M. Clore, A. M. Gronenborn, and E. Appella**. 1993. Identification of a binding site for the human immunodeficiency virus type 1 nucleocapsid protein. Proc. Natl. Acad. Sci. U. S. A **90**:5219-5223.

277. **Sakalian, M., J. W. Wills, and V. M. Vogt**. 1994. Efficiency and selectivity of RNA packaging by Rous sarcoma virus Gag deletion mutants. J. Virol. **68**:5969-5981.

278. **Scheifele, L. Z., R. A. Garbitt, J. D. Rhoads, and L. J. Parent**. 2002. Nuclear entry and CRM1-dependent nuclear export of the Rous sarcoma virus Gag polyprotein. Proc. Natl. Acad. Sci. U. S. A **99**:3944-3949.

279. **Scheifele, L. Z., S. P. Kenney, T. M. Cairns, R. C. Craven, and L. J. Parent**. 2007. Overlapping roles of the Rous sarcoma virus Gag p10 domain in nuclear export and virion core morphology. J. Virol.

280. **Schwartz, D. E., R. Tizard, and W. Gilbert**. 1983. Nucleotide sequence of Rous sarcoma virus. Cell **32**:853-869.

281. **Secnik, J., C. A. Gelfand, and J. E. Jentoft**. 1992. Retroviral nucleocapsid protein specifically recognizes the base and the ribose of mononucleotides and mononucleotide components. Biochemistry **31**:2982-2988.

282. **Shank, P. R. and M. Linial**. 1980. Avian oncovirus mutant (SE21Q1b) deficient in genomic RNA: characterization of a deletion in the provirus. J. Virol. **36**:450-456.

283. **Shen, N., L. Jette, C. Liang, M. A. Wainberg, and M. Laughrea**. 2000. Impact of human immunodeficiency virus type 1 RNA dimerization on viral infectivity and of stem-loop B on RNA dimerization and reverse transcription and dissociation of dimerization from packaging. J. Virol. **74**:5729-5735.

284. **Skripkin, E., J. C. Paillart, R. Marquet, B. Ehresmann, and C. Ehresmann**. 1994. Identification of the primary site of the human immunodeficiency virus type 1 RNA dimerization in vitro. Proc. Natl. Acad. Sci. U. S. A **91**:4945-4949.

285. **Smith, L. M., S. R. Brown, K. Howes, S. McLeod, S. S. Arshad, G. S. Barron, K. Venugopal, J. C. McKay, and L. N. Payne**. 1998. Development and application of polymerase chain reaction (PCR) tests for the detection of subgroup J avian leukosis virus. Virus Res. **54**:87-98.

286. **Song, R., J. Kafaie, L. Yang, and M. Laughrea**. 2007. HIV-1 Viral RNA Is Selected in the Form of Monomers that Dimerize in a Three-step Protease-dependent Process; the DIS of Stem-Loop 1 Initiates Viral RNA Dimerization. J. Mol. Biol. **371**:1084-1098.

287. **Sonstegard, T. S. and P. B. Hackett**. 1996. Autogenous regulation of RNA translation and packaging by Rous sarcoma virus Pr76gag. J. Virol. **70**:6642-6652.

288. **Sorge, J., W. Ricci, and S. H. Hughes**. 1983. cis-Acting RNA packaging locus in the 115-nucleotide direct repeat of Rous sarcoma virus. J. Virol. **48**:667-675.

289. **South, T. L., P. R. Blake, R. C. Sowder, III, L. O. Arthur, L. E. Henderson, and M. F. Summers**. 1990. The nucleocapsid protein isolated from HIV-1 particles binds zinc and forms retroviral-type zinc fingers. Biochemistry **29**:7786-7789.

290. **South, T. L., B. Kim, D. R. Hare, and M. F. Summers**. 1990. Zinc fingers and molecular recognition. Structure and nucleic acid binding studies of an HIV zinc finger-like domain. Biochem. Pharmacol. **40**:123-129.

291. **Stehelin, D., D. J. Fujita, T. Padgett, H. E. Varmus, and J. M. Bishop**. 1977. Detection and enumeration of transformation-defective strains of avian sarcoma virus with molecular hybridization. Virology **76**:675-684.

292. **Stewart, L., G. Schatz, and V. M. Vogt**. 1990. Properties of avian retrovirus particles defective in viral protease. J. Virol. **64**:5076-5092.

293. **Stoker, A. W. and M. J. Bissell**. 1988. Development of avian sarcoma and leukosis virus-based vector-packaging cell lines. J. Virol. **62**:1008-1015.

294. **Stoltzfus, C. M. and S. J. Fogarty**. 1989. Multiple regions in the Rous sarcoma virus src gene intron act in cis to affect the accumulation of unspliced RNA. J. Virol. **63**:1669-1676.

295. **Stoltzfus, C. M. and P. N. Snyder**. 1975. Structure of B77 sarcoma virus RNA: stabilization of RNA after packaging. J. Virol. **16**:1161-1170.

296. **Stoylov, S. P., C. Vuilleumier, E. Stoylova, R. H. de, B. P. Roques, D. Gerard, and Y. Mely**. 1997. Ordered aggregation of ribonucleic acids by the human immunodeficiency virus type 1 nucleocapsid protein. Biopolymers **41**:301-312.

297. **Summers, M. F., L. E. Henderson, M. R. Chance, J. W. Bess, Jr., T. L. South, P. R. Blake, I. Sagi, G. Perez-Alvarado, R. C. Sowder, III, D. R. Hare, and . **1992. Nucleocapsid zinc fingers detected in retroviruses: EXAFS studies of intact viruses and the solution-state structure of the nucleocapsid protein from HIV-1. Protein Sci. **1**:563-574.

298. **Sundquist, W. I. and S. Heaphy**. 1993. Evidence for interstrand quadruplex formation in the dimerization of human immunodeficiency virus 1 genomic RNA. Proc. Natl. Acad. Sci. U. S. A **90**:3393-3397.

299. **Surovoy, A., J. Dannull, K. Moelling, and G. Jung**. 1993. Conformational and nucleic acid binding studies on the synthetic nucleocapsid protein of HIV-1. J. Mol. Biol. **229**:94-104.

300. **Swain, A. and J. M. Coffin**. 1992. Mechanism of transduction by retroviruses. Science **255**:841-845.

301. **Swanstrom, R., and J. W. Willis**. 1997. Retroviruses. Cold Spring Harbor Laboratory Press, Cold Spring Harbor, NY.

302. **Swanstrom, R., R. C. Parker, H. E. Varmus, and J. M. Bishop**. 1983. Transduction of a cellular oncogene: the genesis of Rous sarcoma virus. Proc. Natl. Acad. Sci. U. S. A **80**:2519-2523.

303. **Takahashi, K. I., S. Baba, P. Chattopadhyay, Y. Koyanagi, N. Yamamoto, H. Takaku, and G. Kawai**. 2000. Structural requirement for the two-step dimerization of human immunodeficiency virus type 1 genome. RNA. **6**:96-102.

304. **Tanchou, V., D. Decimo, C. Pechoux, D. Lener, V. Rogemond, L. Berthoux, M. Ottmann, and J. L. Darlix**. 1998. Role of the N-terminal zinc finger of human immunodeficiency virus type 1 nucleocapsid protein in virus structure and replication. J. Virol. **72**:4442-4447.

305. **Tanchou, V., C. Gabus, V. Rogemond, and J. L. Darlix**. 1995. Formation of stable and functional HIV-1 nucleoprotein complexes in vitro. J. Mol. Biol. **252**:563-571.

306. **Temin, H. M. and S. Mizutani**. 1970. RNA-dependent DNA polymerase in virions of Rous sarcoma virus. Nature **226**:1211-1213.

307. **Tereshko, V., S. T. Wallace, N. Usman, F. E. Wincott, and M. Egli**. 2001. X-ray crystallographic observation of "in-line" and "adjacent" conformations in a bulged self-cleaving RNA/DNA hybrid. RNA. **7**:405-420.

308. **Theilleux-Delalande, V., F. Girard, T. Huynh-Dinh, G. Lancelot, and J. Paoletti**. 2000. The HIV-1(Lai) RNA dimerization. Thermodynamic parameters associated with the transition from the kissing complex to the extended dimer. Eur. J. Biochem. **267**:2711-2719.

309. **Tounekti, N., M. Mougel, C. Roy, R. Marquet, J. L. Darlix, J. Paoletti, B. Ehresmann, and C. Ehresmann**. 1992. Effect of dimerization on the conformation of the encapsidation Psi domain of Moloney murine leukemia virus RNA. J. Mol. Biol. **223**:205-220.

310. **Tsuchihashi, Z. and P. O. Brown**. 1994. DNA strand exchange and selective DNA annealing promoted by the human immunodeficiency virus type 1 nucleocapsid protein. J. Virol. **68**:5863-5870.

311. **Turner, B. G. and M. F. Summers**. 1999. Structural biology of HIV. J. Mol. Biol. **285**:1-32.

312. **Urbaneja, M. A., M. Wu, J. R. Casas-Finet, and R. L. Karpel.** 2002. HIV-1 nucleocapsid protein as a nucleic acid chaperone: spectroscopic study of its helix-destabilizing properties, structural binding specificity, and annealing activity. J. Mol. Biol. **318**:749-764.

313. **Verderame, M. F., T. D. Nelle, and J. W. Wills.** 1996. The membrane-binding domain of the Rous sarcoma virus Gag protein. J. Virol. **70**:2664-2668.

314. **Vogt, P. K.** 1997. Retroviruses. Cold Spring Harbor Laboratory Press, Cold Spring Harbor, NY.

315. **Vogt, V. M.** 1997. Retroviruses. Cold Spring Harbor Laboratory Press, Cold Spring Harbor, NY.

316. **Vogt, V. M. and M. N. Simon.** 1999. Mass determination of rous sarcoma virus virions by scanning transmission electron microscopy. J. Virol. **73**:7050-7055.

317. **Weldon, R. A., Jr. and J. W. Wills.** 1993. Characterization of a small (25-kilodalton) derivative of the Rous sarcoma virus Gag protein competent for particle release. J. Virol. **67**:5550-5561.

318. **Welsch, S., O. T. Keppler, A. Habermann, I. Allespach, J. Krijnse-Locker, and H. G. Krausslich.** 2007. HIV-1 buds predominantly at the plasma membrane of primary human macrophages. PLoS. Pathog. **3**:e36.

319. **Welsch, S., B. Muller, and H. G. Krausslich.** 2007. More than one door - Budding of enveloped viruses through cellular membranes. FEBS Lett. **581**:2089-2097.

320. **Williams, M. C., I. Rouzina, J. R. Wenner, R. J. Gorelick, K. Musier-Forsyth, and V. A. Bloomfield.** 2001. Mechanism for nucleic acid chaperone activity of HIV-1 nucleocapsid protein revealed by single molecule stretching. Proc. Natl. Acad. Sci. U. S. A **98**:6121-6126.

321. **Wills, J. W., C. E. Cameron, C. B. Wilson, Y. Xiang, R. P. Bennett, and J. Leis.** 1994. An assembly domain of the Rous sarcoma virus Gag protein required late in budding. J. Virol. **68**:6605-6618.

322. **Wills, J. W., R. C. Craven, R. A. Weldon, Jr., T. D. Nelle, and C. R. Erdie.** 1991. Suppression of retroviral MA deletions by the amino-terminal membrane-binding domain of p60src. J. Virol. **65**:3804-3812.

323. **Wilusz, J. E. and K. L. Beemon.** 2006. The negative regulator of splicing element of Rous sarcoma virus promotes polyadenylation. J. Virol. **80**:9634-9640.

324. **Wu, J. Q., A. H. Maki, A. Ozarowski, M. A. Urbaneja, L. E. Henderson, and J. R. Casas-Finet.** 1997. Fluorescence, phosphorescence, and optically detected magnetic resonance studies of the nucleic acid association of the nucleocapsid protein of the murine leukemia virus. Biochemistry **36**:6115-6123.

325. **Wu, J. Q., A. Ozarowski, A. H. Maki, M. A. Urbaneja, L. E. Henderson, and J. R. Casas-Finet**. 1997. Binding of the nucleocapsid protein of type 1 human immunodeficiency virus to nucleic acids studied using phosphorescence and optically detected magnetic resonance. Biochemistry **36**:12506-12518.

326. **Wu, T., J. Guo, J. Bess, L. E. Henderson, and J. G. Levin**. 1999. Molecular requirements for human immunodeficiency virus type 1 plus-strand transfer: analysis in reconstituted and endogenous reverse transcription systems. J. Virol. **73**:4794-4805.

327. **Wyma, D. J., A. Kotov, and C. Aiken**. 2000. Evidence for a stable interaction of gp41 with Pr55(Gag) in immature human immunodeficiency virus type 1 particles. J. Virol. **74**:9381-9387.

328. **Xiang, Y., C. E. Cameron, J. W. Wills, and J. Leis**. 1996. Fine mapping and characterization of the Rous sarcoma virus Pr76gag late assembly domain. J. Virol. **70**:5695-5700.

329. **You, J. C. and C. S. McHenry**. 1993. HIV nucleocapsid protein. Expression in Escherichia coli, purification, and characterization. J. Biol. Chem. **268**:16519-16527.

330. **You, J. C. and C. S. McHenry**. 1994. Human immunodeficiency virus nucleocapsid protein accelerates strand transfer of the terminally redundant sequences involved in reverse transcription. J. Biol. Chem. **269**:31491-31495.

331. **Young, J. A., P. Bates, and H. E. Varmus**. 1993. Isolation of a chicken gene that confers susceptibility to infection by subgroup A avian leukosis and sarcoma viruses. J. Virol. **67**:1811-1816.

332. **Yuan, B., S. Campbell, E. Bacharach, A. Rein, and S. P. Goff**. 2000. Infectivity of Moloney murine leukemia virus defective in late assembly events is restored by late assembly domains of other retroviruses. J. Virol. **74**:7250-7260.

333. **Yuan, Y., D. J. Kerwood, A. C. Paoletti, M. F. Shubsda, and P. N. Borer**. 2003. Stem of SL1 RNA in HIV-1: structure and nucleocapsid protein binding for a 1 x 3 internal loop. Biochemistry **42**:5259-5269.

334. **Zhang, J. and H. M. Temin**. 1993. Rate and mechanism of nonhomologous recombination during a single cycle of retroviral replication. Science **259**:234-238.

335. **Zhou, J., R. L. Bean, V. M. Vogt, and M. Summers**. 2007. Solution structure of the Rous sarcoma virus nucleocapsid protein: muPsi RNA packaging signal complex. J. Mol. Biol. **365**:453-467.

336. **Zhou, J., J. K. McAllen, Y. Tailor, and M. F. Summers**. 2005. High affinity nucleocapsid protein binding to the muPsi RNA packaging signal of Rous sarcoma virus. J. Mol. Biol. **349**:976-988.